今すぐ使えるかんたん mini

Nikon ニコン
Z8
基本&応用 撮影ガイド
The Ultimate Hybrid Camera

Z 8の魅力

> **POINT 1** 高いオートフォーカス性能と
> 被写体検出性能

どんなシーンでもピントを合わせてくれる被写体検出性能。人物、動物（犬、猫、鳥）、乗り物（車、バイク、自転車、列車、飛行機）の9種類の被写体を自動で検出し追尾してくれる。さらに飛行機の検出に優れた飛行機モードと鳥の検出に優れた鳥モードも利用できる。

カメラ設定
撮影モード
シャッター優先オート
絞り値 f5.6
シャッタースピード 1/1000秒
露出補正 −0.7
ISO感度 140（ISO AUTO）
WB 自然光オート／晴天
使用レンズ NIKKOR Z
100-400mm f/4.5-5.6 VR S
焦点距離 400mm

カメラ設定
撮影モード シャッター優先オート　絞り値 f5.6　シャッタースピード 1/1000秒
露出補正 +0.3　ISO感度 200（ISO AUTO）　WB 自然光オート／晴天
使用レンズ NIKKOR Z 100-400mm f/4.5-5.6 VR S　焦点距離 400mm

POINT 2 一瞬を逃さない！高速連写とハイスピードフレームキャプチャー＋

スポーツやダンスなどの一瞬の動きを逃したくないシーンで活躍するのが、高速連続撮影やハイスピードフレームキャプチャー＋。さらにプリキャプチャーと合わせて設定することで、瞬間の前後も記録される。

> **カメラ設定**
>
> 撮影モード 絞り優先オート　絞り値 f1.4
> シャッタースピード 1/2000秒　露出補正 +0.3
> ISO感度 100（ISO AUTO）　WB 自然光オート
> 使用レンズ NIKKOR Z 85mm f/1.2 S
> 焦点距離 85mm

> **カメラ設定**
>
> 撮影モード シャッター優先オート　絞り値 f5.3
> シャッタースピード 1/1000秒　露出補正 −0.3
> ISO感度 1100（ISO AUTO）
> WB 自然光オート　使用レンズ NIKKOR Z 100-400mm f/4.5-5.6 VR S
> 焦点距離 300mm

POINT 3 高感度性能（ISO）と6段分のVR性能で手持ち夜景！

5軸補正のボディー内センサーシフト方式VRを搭載。最大6段分の手ブレ補正効果を発揮することで、高感度性能（ISO）と組み合わせて手持ち夜景や夕景が可能。

カメラ設定

撮影モード シャッター優先オート
絞り値 f4.0
シャッタースピード 1/4秒
露出補正 −1
ISO感度 3200（ISO AUTO）
WB 自然光オート
使用レンズ
NIKKOR Z 24-120mm f/4 S
焦点距離 24mm

POINT 4 高精細な画像を得られるピクセルシフト

石畳や建築物の装飾、円形の街風景などの細かな被写体を高精細に撮影できる。

カメラ設定

撮影モード
絞り優先オート
絞り値 f8.0
シャッタースピード
1/30秒
露出補正 0
ISO感度 100
（ISO AUTO）
WB 晴天
使用レンズ NIKKOR Z
14-24mm f/2.8 S
焦点距離 24mm

POINT 5 人物の肌色を好みの イメージに仕上げられる！ 人物印象調整

明るさと肌色の色相が調整できる人物印象調整。直感的に微調整してイメージ通りに仕上げられる。

カメラ設定

撮影モード 絞り優先オート　絞り値 f4.0
シャッタースピード 1/25秒　露出補正 +0.7
ISO感度 1600（ISO AUTO）　WB 自然光オート
使用レンズ NIKKOR Z 24-120mm f/4 S
焦点距離 44mm

POINT 6 Zマウントならではの 高画質レンズ

ニコン Zマウントを採用したフルサイズ／FXフォーマットを使用。高画質な画像が描写可能だ。

カメラ設定

撮影モード シャッター優先オート　絞り値 f5.3　シャッタースピード 1/8秒　露出補正 0
ISO感度 125(ISO AUTO)　WB 晴天　使用レンズ NIKKOR Z 100-400mm f/4.5-5.6 VR S
焦点距離 300mm ※ND16フィルター使用

CONTENTS

CHAPTER 1 ニコン Z 8の操作方法

Section 01	各部名称を確認しよう	14
Section 02	メニュー画面で設定しよう	16
Section 03	i メニューで設定しよう	18
Section 04	ファインダー内の表示を覚えよう	20
Section 05	画像モニターを確認しよう	26
Section 06	画像を再生／削除しよう	28
Section 07	メモリーカードを挿入して 画質モードと画像サイズを設定しよう	34

CHAPTER 2 絶対にマスターしたい機能

Section 01	AFの種類を理解しよう	38
Section 02	フォーカスモードを変更しよう	40
Section 03	AFエリアモードを選択しよう	42
Section 04	フォーカスモードとAFエリアモードを 組み合わせよう	46
Section 05	被写体検出設定を使おう	48

Section 06	マニュアルフォーカスを使おう	50
Section 07	露出の基本と調整方法を知ろう	52
Section 08	露出補正で写真の明るさを調整しよう	56
Section 09	シャッター優先オートで撮影しよう	58
Section 10	絞り優先オートで撮影しよう	60
Section 11	マニュアル露出で撮影しよう	62
Section 12	測光モードを使い分けよう	64
Section 13	ISO感度を使おう	66
［コラム］	ISO感度を積極的に使って手持ち撮影しよう	68

CHAPTER 3 高度な必須設定

Section 01	アクティブD-ライティングを使おう	70
Section 02	ホワイトバランスで色味を調整しよう	72
Section 03	ピクチャーコントロールで写真を楽しもう	74
Section 04	Creative Picture Controlを使おう	78

CONTENTS

CHAPTER 4　交換レンズとアクセサリー

Section 01	Zマウントレンズを知ろう	84
Section 02	NIKKOR Z 24-120mm f/4 S	86
Section 03	NIKKOR Z 14-24mm f/2.8 S	88
Section 04	NIKKOR Z 100-400mm f/4.5-5.6 VR S	90
Section 05	NIKKOR Z MC 105mm f/2.8 VR S NIKKOR Z 85mm f/1.2 S	92
Section 06	Z TELECONVERTER TC-1.4x／TC-2.0x	94
Section 07	マウントアダプター FTZ II	96

CHAPTER 5　被写体＆シーン別撮影テクニック

Section 01	フォーカスロックやガイドラインで 構図を変更しよう	100
Section 02	被写体検出設定で人物の瞳を確実に捉えよう	102
Section 03	ピクセルシフトで細かい装飾がある建築物や 細密な風景を撮影しよう	104
Section 04	マニュアルフォーカス＆フォーカスピーキングで 花を美しく撮影しよう	106
Section 05	被写体検出設定を使って 飛行機や鳥、電車を撮影しよう	108

Section 06	高感度&VRを使って手持ちで暗所撮影しよう	110
Section 07	リッチトーンポートレートや美肌効果、 人物印象調整で人物を美しく撮影しよう	112
Section 08	高速連写とハイスピードフレームキャプチャー＋で スポーツを撮影しよう	114
Section 09	縦横4軸チルト式画像モニターを使って ペットを撮影しよう	118
Section 10	HEIF形式で滑らかなグラデーションを再現しよう	120
Section 11	タイムラプスで星空を撮影しよう	122
Section 12	動画撮影を楽しもう	124

CHAPTER 6 スマホ／タブレットとの連携

Section 01	スマホとタブレットに写真を転送しよう	128
Section 02	スマホをリモコンとして使おう	132
Section 03	カメラとスマホの情報を同期しよう	134
Section 04	カメラとタブレットを同期して 撮影した写真をチェックしよう	138
Section 05	パソコンに画像を転送しよう	140
Section 06	パソコンでRAW現像しよう	142

CONTENTS

CHAPTER 7 撮影に役立つ便利な設定

Section 01 親指AFを使おう 146

Section 02 音声メモを使おう 147

Section 03 ファインダーをカスタマイズしよう 148

Section 04 画像モニターをカスタマイズしよう 149

Section 05 ビューモード設定を変更しよう 150

Section 06 マイメニューを利用しよう 152

Section 07 ボタンをカスタマイズしよう 154

Section 08 マイメニューをFnボタンに割り当てよう 156

Section 09 撮影機能の呼び出し（ホールド）を
割り当てよう 157

Section 10 スターライトビューを設定しよう 158

Section 11 赤色画面表示を設定しよう 159

Section 12 サイレントモードを設定しょう 160

Section 13 電子音を設定しよう 161

Section 14 高速連続撮影／低速連続撮影を設定しよう 162

Section 15 ピクセルシフトを設定しよう 163

Section 16 露出ディレーモードを設定しよう 164

Section 17 撮影シーン別に*i*メニューを
カスタマイズしよう 165

| Section 18 | 撮影直後の画像確認を表示しよう | 168 |
| Section 19 | パワーオフの時間を設定しよう | 169 |

全メニュー画面一覧 170

索引 190

撮影写真に掲載している QR コード

この本では QR コードを掲載しているページがあります。スマートフォンなどで読み込めば、著者である清水徹氏の動画を見ることができます。

ご注意　※ご購入・ご利用の前に必ずお読み下さい

本書はニコン Z 8 の操作方法を解説したものです。掲載している画面などは初期状態のものです。
情報は 2025 年 3 月現在のもので、一部の記載表示額や情報は変わっている場合があります。あらかじめご了承ください。
本書に記載された内容は、情報の提供のみを目的としています。したがって、本書を用いた運用は、必ずお客様自身の責任と判断によって行ってください。これらの情報の運用について、技術評論社および筆者はいかなる責任も負いません。

以上の注意点をご承諾いただいた上で、本書をご利用願います。これらの注意事項をお読みいただかずにお問い合わせいただいても、技術評論社および筆者は対処しかねます。あらかじめ、ご知おきください。

● ニコン Z 8、その他、ニコン製品の名称、サービス名称等は、商標または登録商標です。
　その他の製品等の名称は、一般に各社の商標または登録商標です。

撮影する前に
ファームウェアをバージョンアップしよう

Z 8のファームウェアをバージョンアップすることで使える機能が増えるので、まず手元のカメラのバージョンを確認しよう。Ver1.＊＊だった場合は、ニコンのホームページからVer2.01をダウンロードしてバージョンアップしよう。また予約すれば、ニコンのサービスセンターなどでバージョンアップしてもらう事も可能だ。
▶https://downloadcenter.nikonimglib.com/ja/download/fw/527.html

■ カメラのバージョンを確認する

MENUのセットアップメニューから「ファームウェアバージョン」を選択する❶。

Ⓒに「1.＊＊」と表示されている場合❷、バージョンアップを行う。また「2.01」以上が表示されている場合は「確認終了」を選択して❸、OKボタンを押す。

■ ファームウェアをバージョンアップする

ニコンのホームページのダウンロードセンターからZ 8用ファームウェアを選択し、自分のパソコンのOS環境をクリックする❶。

下にスクロールし、プログラム使用許諾誓約書の同意するにチェックを入れ❷、ダウンロード❸をクリックすると、パソコンにデータがダウンロードされる。

Z 8で初期化したメモリーカードをパソコンにつなぎ、ダウンロードしたファームウェアのデータを、一番上の階層にコピーし❹、取り出す。

ファームウェアをコピーしたメモリーカードをカメラの主スロットに挿入し、カメラの電源をONにする。セットアップメニューから［ファームウェアバージョン］を選択する❺。

「バージョンアップ」を選択する❻。

「バージョンアップしますか?」のメッセージが表示されたら❼、「はい」を選択する。バージョンアップ中はカメラに触らない。完了後、最新のバージョンになっていることを確認して終了する。

CHAPTER 1

ニコン Z 8 の操作方法

Section 01	各部名称を確認しよう
Section 02	メニュー画面で設定しよう
Section 03	i メニューで設定しよう
Section 04	ファインダー内の表示を覚えよう
Section 05	画像モニターを確認しよう
Section 06	画像を再生／削除しよう
Section 07	メモリーカードを挿入して画質モードと画像サイズを設定しよう

CHAPTER 1 ｜ ニコン Z 8 の操作方法

Section 01

各部名称を確認しよう

KEYWORD 各部名称

優れた性能と機能がコンパクトなボディーに収められたニコンZ 8。ホールド性の高いグリップは登山や長時間の野鳥撮影でも快適で、どこへでも気軽に持ち出して撮影することができる。性能を生かすためにも、ボタンの位置や名称を確認しておこう。

1 前面と側面の名称を覚える

❶ サブコマンドダイヤル
❷ AF 補助光ランプ／赤目軽減ランプ／セルフタイマーランプ
❸ レンズ着脱指標
❹ 10 ピンターミナルカバー
❺ レンズ信号接点
❻ レンズ取り外しボタン
❼ レンズマウント
❽ イメージセンサー（撮像素子）
❾ Fn2 ボタン（**Fn2**）
❿ Fn1 ボタン（**Fn1**）
⓫ モニターモード切り換えボタン
⓬ チャージ LED
⓭ 外部マイク入力端子
⓮ HDMI 端子

⓯ ヘッドホン出力端子
⓰ USB 通信専用端子
⓱ USB 充給電専用端子
⓲ HDMI/USB ケーブルクリップ用ネジ穴
⓳ フォーカスモードボタン

2 上面と背面の名称を覚える

❶ BKT ボタン（**BKT**）	❽ 露出補正ボタン（☒）
❷ WB ボタン（**WB**）	❾ スピーカー
❸ マイク（ステレオ）	❿ 距離基準マーク（-⊖-）
❹ 動画撮影ボタン	⓫ 表示パネル
❺ 電源スイッチ	⓬ フラッシュ取り付け部（アクセサリーシュー）
❻ シャッターボタン	⓭ MODE ボタン（**MODE**）
❼ ISO 感度ボタン（**ISO**）/ FORMAT ボタン（FORMAT）	⓮ レリーズモードボタン（☐）

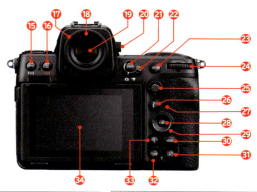

⓯ プロテクトボタン（O⊓ / **Fn3**）	㉖ i ボタン（*i*）
⓰ 削除ボタン（🗑）	㉗ メモリーカードアクセスランプ
⓱ 接眼目当て	㉘ OK ボタン（⊛）
⓲ アイセンサー	㉙ マルチセレクター
⓳ ファインダー	㉚ MENU ボタン（**MENU**）
⓴ 視度調節ノブ	㉛ 再生ボタン（▶）
㉑ DISP ボタン（**DISP**）	㉜ 縮小 / サムネイル表示ボタン（Q⊠）/ ヘルプボタン（**?**）
㉒ 静止画 / 動画セレクター	㉝ 拡大ボタン（Q）
㉓ AF-ON ボタン（**AF-ON**）	㉞ 画像モニター
㉔ メインコマンドダイヤル	
㉕ サブセレクター	

15

CHAPTER 1 ｜ ニコン Z 8 の操作方法

Section
02

メニュー画面で設定しよう

KEYWORD メニュー、マルチセレクター

メニュー画面では、基本的な撮影設定以外の詳細設定を行うことができる。撮影や再生、動画など項目ごとにタブで分けられているので、目的の項目を容易に探すことができる。

1 メニュー画面を理解する

MENUボタンを押すと、画像モニターにメニュー画面が表示される。表示されたメニューから任意の設定を選ぶ。

■タブの名称と内容

❶ ◘ 静止画撮影メニュー	静止画撮影時の機能の設定を変更できる。
❷ 🎥 動画撮影メニュー	動画撮影時の機能の設定を変更できる。
❸ ✏ カスタムメニュー	詳細な機能の設定を変更できる。
❹ ▶ 再生メニュー	再生時の機能の設定を変更できる。
❺ 🔧 セットアップメニュー	カメラの基本設定を変更できる。
❻ 🌐 ネットワークメニュー	ネットワーク関連の機能の設定を変更できる。
❼ ≡ マイメニュー	よく使うメニューをあらかじめ設定できる。

2 メニュー画面で設定を変更する

iメニューに設定していない設定項目はメニューから変更することができる。どの機能が、どのタブに属しているかを理解していると素早く設定変更できるので、覚えておくとよいだろう。よく使用する設定はマイメニューに登録（→ P.153）しておくと便利だ。

MENUボタンを押すとメニュー画面が表示される❶。

マルチセレクターの▲▼でタブを選択し❷、OKボタンを押す❸。

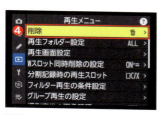

選択したタブで設定できる機能の一覧が表示されるので▲▼で機能を選択する❹。機能名の右に▶がある機能はOKボタンを押すか、▶を押すと詳細な設定画面になる。

機能名の右に▶がないものは、OKボタンを押すだけでONとOFFを切り換えることができる❺。

ONE POINT ヘルプあり表示とは

メニュー画面で一部の項目にはヘルプマークが表示される❶。これはヘルプあり表示といい、表示されたときに♀⊠ボタン❷を押すと、その項目の解説が表示される。元の画面に戻るときは、もう一度♀⊠ボタンを押すか、モニターの矢印❸をタッチする。

CHAPTER 1 ｜ ニコン Z 8 の操作方法

Section 03　i メニューで設定しよう

KEYWORD　i メニュー

Z 8ではダイヤルやメニュー画面以外に、i メニューからも設定変更を行うことができる。i メニューは、i ボタンを押すだけで主要な 12 個の撮影設定が表示され、選択した項目の設定を変更することができる便利な機能だ。表示される設定は、静止画撮影時と動画撮影時で異なる。

1　i メニューで設定を変更する

i メニューは、i ボタンを押すか、画像モニターに表示される i をタッチすると表示される。

i ボタン❶またはモニターの i ❷を押すと、i メニューが表示される❸。マルチセレクターの▲▼◀▶❹で変更したい項目を選択する。

メインコマンドダイヤル❺を回して設定を変更し❻、OKボタン❼で決定する。

コマンドダイヤルの操作ガイド❽が表示される項目の場合は、メインコマンドダイヤル❾やサブコマンドダイヤル❿を回して詳細な設定を行える。

2 *i*メニュー項目はカスタマイズできる

*i*メニューで表示される項目は自分好みにカスタマイズが可能だ。MENUボタンを押し、カスタムメニューの［f1（静止画メニュー）］または［g1（動画メニュー）］の「*i*メニューのカスタマイズ」で設定できる。ただし、静止画と動画では設定できる項目が異なる。

■ *i*メニューに割り当てられる機能の一覧（静止画の場合）

撮影メニュー切り換え	人物印象調整	フォーカスシフト撮影
カスタムメニュー切り換え	測光モード	ピクセルシフト撮影
撮像範囲設定	フラッシュモード	AFロックオン
階調モード	フラッシュ調光補正	サイレントモード
画質モード	ワイヤレス設定と発光モード	プリキャプチャー記録設定
画像サイズ	グループ発光設定	レリーズモード
メモリーカード情報表示	テスト発光	カスタムボタンの機能（撮影）
露出補正	フラッシュインフォ	露出ディレーモード
ISO感度設定	電波リモートフラッシュ情報	ビューモード設定（静止画Lv）
ホワイトバランス	フォーカスモード	2点拡大
ピクチャーコントロール	AFエリアモード/被写体検出	フォーカスピーキング
ピクチャーコントロール（HLG）	手ブレ補正	モニター/ファインダーの明るさ
色空間	オートブラケティング	機内モード
アクティブD-ライティング	多重露出	赤色画面表示
長秒時ノイズ低減	HDR合成	MB-N12の情報表示
高感度ノイズ低減	インターバルタイマー撮影	※ファームウェアVer2.0以降の場合
美肌効果	タイムラプス動画	

CHAPTER 1 ニコン Z 8 の操作方法

Section 04 ファインダー内の表示を覚えよう

KEYWORD ファインダー、ガイドライン、モニターモード

Z 8 は電子ビューファインダーを採用している。そのため、露出やホワイトバランスなどの撮影設定を反映させて仕上がりを確認しながら撮影できる。ファインダーをのぞいたまま設定が変更できるよう表示内容を知ろう。

1 ファインダーの表示を覚える

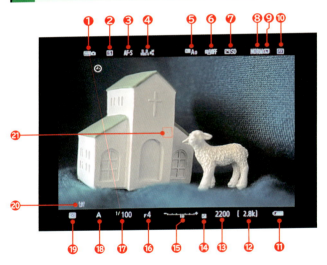

❶ビューモード設定	❽画質モード	⓯インジケーター（露出）
❷レリーズモード	❾画像サイズ	⓰絞り値
❸フォーカスモード	❿撮像範囲	⓱シャッタースピード
❹AF エリアモード	⓫バッテリー残量表示	⓲撮影モード
❺ホワイトバランス	⓬記録可能コマ数	⓳測光モード
❻アクティブ D- ライティング	⓭ISO 感度	⓴手ブレ補正
❼ピクチャーコントロール	⓮露出補正マーク	㉑フォーカスポイント

2 ファインダーの表示内容を切り換える

ファインダー内の表示内容は4パターンある。DISPボタンを押すたびにヒストグラムや水準器表示など、表示内容が切り換わる。必要に応じて使い分けよう。標準状態では以下の通りだ。

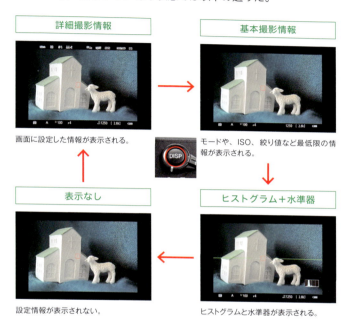

詳細撮影情報
画面に設定した情報が表示される。

基本撮影情報
モードや、ISO、絞り値など最低限の情報が表示される。

表示なし
設定情報が表示されない。

ヒストグラム＋水準器
ヒストグラムと水準器が表示される。

ONE POINT　表示内容はカスタマイズできる

ファインダーの表示内容は4パターンだが、カスタムメニューの［d19 撮影画面カスタマイズ（ファインダー）］から表示項目を詳細に設定したり、表示パターンを少なくしたりすることもできる。たとえば、「ヒストグラム＋水準器」と「表示なし」の2つだけにしておくと、表示内容の切り換えでボタンを押す回数が少なくすむので、手間が省ける。

3 ガイドラインを表示する

ファインダー内にガイドラインを表示させることができる。またガイドラインの種類も選ぶことができる。

■ガイドラインを表示させる

MENUボタンを押し、カスタムメニューの[d 撮影・記録・表示]から[d20 撮影画面カスタマイズ（ファインダー）]を選択し❶、▶ボタンを押す。

✓マークが付いているものがDISPボタンで切り換えられる表示だ。その中からガイドラインを表示させたい画面を選択し❷、▶を押す。

表示させる項目の選択画面になるので、▲▼で「ガイドライン」を選択して、OKボタンを押し✓マークを入れる❸。

選択した表示画面に、ガイドラインが表示されるようになった。

■ガイドラインの種類を設定する

MENUボタンを押し、カスタムメニューの[d 撮影・記録・表示]から[d16 ガイドラインの種類]を選択し❶、▶ボタンを押す。

表示したいガイドラインを選択して❷、OKボタンを押す。ガイドラインは「3×3」「4×4」「5:4」「1:1」「16:9」から選ぶことができる。

4 ファインダーの明るさと色味を変更する

ファインダーの明るさと色味は撮影者が見やすいように調整できる。撮影画面やメニュー表示、画像再生時などファインダーをのぞいたときの表示すべてに設定が反映されるが、撮影した画像には反映されない。

■ ファインダーの明るさを設定する

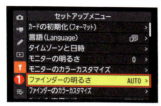

MENUボタンを押し、セットアップメニューの［ファインダーの明るさ］を選択して▶ボタンを押す❶。

「マニュアル」を選択して▶ボタンを押すと❷、明るさを調整できる。

ファインダーをのぞいてマルチセレクターの▲▼で明るさを調整し❸、OKボタンで決定する。

■ 色味を変更する

MENUボタンを押し、セットアップメニューの［ファインダーのカラーカスタマイズ］を選択して▶ボタンを押す❶。

ファインダーをのぞいてマルチセレクターの▲▼◀▶で色味を調整し❷、OKボタンで決定する。

5 撮影設定のファインダーへの反映を切り換える

ファインダーには、露出補正やホワイトバランスなどの撮影設定が反映されて映し出されるが、反映させないことも可能だ。反映させないことで、常に見やすい明るさや色味で被写体を確認できる。

反映なし	反映あり

撮影設定を反映しないと画面の表示は変わらないが、写真には撮影設定が反映される。長時間の撮影のときなど負担に感じたら切り換えよう。

MENUボタンを押し、カスタムメニューから［d9 ビューモードの設定（静止画Lv）］を選択して▶ボタンを押す❶。

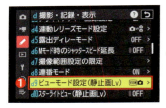

「見やすさを重視」を選択して▶ボタンを押す❷。

「オート」か「カスタム」を選択する。ここでは個別に設定できる「カスタム」を選んだ❸。

「ホワイトバランス」、「ピクチャーコントロール」、「暗部補正」から設定したい項目を選ぶ❹。選んだ機能から、個別で撮影設定を反映させることができる。

6 モニターモードを切り換える

基本的に、ファインダーに顔を近付けるとアイセンサーが反応して、画像モニターが消え、ファインダー表示に切り換わる。ほかに|○|ボタンでファインダーと画像モニターの切り換えを変更することも可能だ。

|○|ボタンを押すたびに以下のようにモニターモードが切り換わる。
「自動表示切り換え」と「ファインダー優先」の場合、アイセンサーが目の距離を感知して表示が切り換わる。ただし、アイセンサーに手やストラップが近付いたときも反応してしまうので注意しよう。

■ モニターモードの種類

自動表示切り換え	アイセンサーにより、ファインダー表示と画像モニターの表示が自動で切り換わる。
ファインダーのみ	画像モニターには何も表示されず、メニューの設定や再生などもファインダーのみで行う。
モニターのみ	ファインダーに顔や手が近付いてもファインダー表示にならず、画像モニターのみ表示される。
ファインダー優先1	静止画モードの場合、ファインダーに顔を近付けるとファインダー撮影になるが、顔を離しても画像モニターには撮影画面は表示されない。これまでの一眼レフカメラに似た動作になる。動画モードのときは、「自動表示切り換え」と同じ動作になる。
ファインダー優先2	静止画モードの場合、ファインダーに顔を近付けたときと、カメラの電源を ON にしたとき、シャッターボタンを半押ししたとき、または AF-ON ボタンを押したときは、ファインダーに顔を近付ける前に数秒間ファインダーが点灯する。動画モードのときは、「自動表示切り換え」と同じ動作になる。

CHAPTER 1 ニコン Z 8 の操作方法

Section 05
画像モニターを確認しよう

KEYWORD 画像モニター、インフォ画面

ファインダーと同様に、背面の画像モニターにも撮影画面や撮影設定が表示される。表示される情報の位置がファインダーと若干違う項目もあるので、画像モニターの表示も確認しておこう。

1 画像モニターの表示を覚える

①撮影モード	⑪フォーカスポイント	⑲絞り値
②レリーズモード	⑫インジケーター（露出／露出補正）	⑳シャッタースピード
③フォーカスモード	⑬ i メニュー	㉑測光モード
④AF エリアモード	⑭バッテリー残量表示	㉒タッチ撮影機能
⑤ホワイトバランス	⑮記録可能コマ数	㉓手ブレ補正
⑥画質モード	⑯ISO 感度	㉔ビューモード設定
⑦アクティブ D-ライティング	⑰ISO 感度マーク ISO-AUTO マーク	
⑧ピクチャーコントロール	⑱露出補正マーク	
⑨撮像範囲		
⑩画像サイズ		

2 画像モニターの表示内容を切り換える

画像モニターの表示内容は5パターンあり、DISPボタンを押すたびに表示内容が切り換わる。ファインダーでは表示されないインフォ画面は撮影設定が大きく表示されるので便利だ。

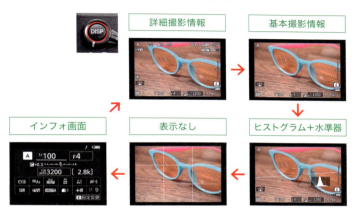

3 インフォ画面の表示を覚える

インフォ画面は画像モニターにしか表示されない。インフォ画面では撮影設定が大きく表示されるので、ファインダーをのぞいて被写体を確認する作業と併用するとよい。

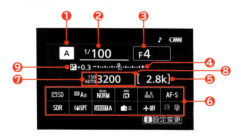

❶撮影モード	❻ i メニュー
❷シャッタースピード	❼ ISO感度マーク/ ISO-AUTO マーク
❸絞り値	❽ ISO感度
❹インジケーター（露出/露出補正）	❾露出補正マーク
❺記録可能コマ数	

CHAPTER 1 ニコン Z 8の操作方法

Section 06

画像を再生／削除しよう

KEYWORD 再生、一覧表示、拡大表示、削除

写真を撮影したら、イメージ通りに撮影できているか、その場で確認しよう。不要な写真は削除することも可能だ。

1 画像を1枚ずつ再生する

撮影した画像を1枚ずつ再生して確認することができる。

▶ボタンを押すと❶、画像が表示される❷。◀▶を押すと❸、前後に保存されている画像が再生される❹。

2 画像を一覧で表示する

大量に画像があるときはサムネイル表示にするとよい。画像の1枚再生時に ボタンを押すと❶、一覧表示になり、ボタンを押すたびに表示コマ数が4コマ、9コマ、72コマと切り換わる。表示を戻す場合、ボタンを押す。

4コマ表示	9コマ表示	72コマ表示

3 画像を拡大する

再生中の画像は、拡大表示することもできる。拡大すれば細かいピントの位置も確認できるので活用しよう。

ボタンを押すごとに❶、画像が拡大される❷。縮小したいときはボタンを押す❸。拡大表示中にマルチセレクターで拡大する位置を変更できる。また、メインコマンドダイヤルを回すと拡大表示のまま画像を切り換えられる。

■拡大表示部分を切り抜く

拡大表示した画像を切り抜いて保存することもできる。

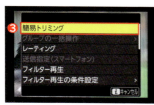

モニターで画像を拡大表示した状態から❶、*i*ボタンを押す❷。表示されたメニューから「簡易トリミング」を選択して❸、OKボタンを押すと、その部分だけを切り抜いた画像が保存できる。

> **ONE POINT　タッチで拡大できる**
>
> 拡大表示はボタン操作だけでなく、タッチ操作でも行える。2本の指でタッチし、広げると画像が拡大できる。そのまま指でなぞると拡大する位置を変更できる。開いた2本の指を閉じると画像を縮小できる。

4 画像を1枚ずつ削除する

撮影した画像を確認し、大きくブレてしまったり、ピントが合っていなかったりする画像を削除できる。撮影するたびに確認と削除を繰り返すのではなく、本当に不要なカットのみを削除するようにしておこう。

1コマ再生中に 🗑 ボタンを押すと❶、確認画面が表示されるので❷、再度 🗑 ボタンを押して削除する。

5 複数の画像を削除する

複数の画像をまとめて削除することもできる。選択した画像の削除、日付を選択して削除、全画像削除なら不要になった画像を一気にまとめて削除できるので便利だ。また、再生時に削除候補をチェックしておけば、指定しておいた画像をまとめて削除することもできる。

複数の画像をまとめて削除するときは、再生メニューの［削除］から行う。

ONE POINT　画像をプロテクト（保護）する

大切な画像をうっかり消してしまわないようにプロテクト（保護）することができる。再生中にFn3（On）ボタンを押すと画像の左上に On が表示され保護される。ただし、メモリーカードを初期化するとプロテクトした画像も消えてしまうので注意。

■画像を選択して削除する

再生メニューの［削除］から「画像を選択して削除」を選択する❶。

Q☎ボタンで削除する画像を選ぶ❷。選択し終わったらOKボタンを押す。確認画面が表示されるので「はい」を選んでOKボタンを押す。

■同じ日に撮影した画像を削除する

再生メニューの［削除］から「日付を選択して削除」を選択する❶。

削除する日付を▶で選択し❷、OKボタンを押す。確認画面が表示されるので、「はい」を選んで、OKボタンを押す。

■全画像を削除する

再生メニューの「削除」から「全画像を削除」を選択する❶。

削除したいメモリーカードのスロットを選択する❷。確認画面が表示されるので、「はい」を選んで、OKボタンを押す。

6 レーティングを利用して削除する

Z8は画像再生時にレーティングを設定することができる。レーティングは重要度のようなもので、星の数や削除候補を設定し、あとから画像を整理しやすくする。まずはレーティングで削除候補の画像をチェックしておき、再生メニューの「削除」から一括で削除しよう。

■削除候補画像を設定する

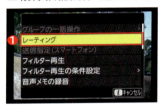
削除候補の画像を再生し、iボタンを押すと再生メニューが表示される。[レーティング]を選択し❶、▶を押す。

メインコマンドダイヤルを左に回してレーティングの❷を選択し、OKボタンを押す。

■指定した画像を一括で削除する

MENUボタンを押し、再生メニューの[削除]を選択し❶、▶を押す。

「削除候補画像を一括削除」を選択し❷、OKボタンを押す。

レーティングで削除候補にした画像が一覧で表示されるので❸、OKボタンを押す。

削除する画像枚数の確認画面が表示されるので、「はい」を選択して❹、OKボタンを押す。

7 グループ画像を再生する

Z8には最大で120コマ/秒で連続撮影するハイスピードフレームキャプチャー+がある。高速連続撮影のため撮影する枚数が多くなり、再生時の画像送りが手間になってしまう。連続撮影した画像は再生時に確認しやすくなるようグループ再生を設定するとよい。「サブセレクターで先頭画像表示」では、1コマ表示時にグループ画像の先頭だけが表示される。一覧表示時にグループ画像を見分けやすくするには、「サムネイルのグループ表示」を設定しよう。

■ 先頭画像を表示させる

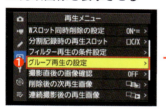

MENUボタンを押し、再生メニューの[グループ再生の設定]を選択し❶、▶を押す。

「サブセレクターで先頭画像表示」を「ON」に設定すると❷、1コマ表示時にサブセレクターを左右に倒すと連続撮影の最初のコマだけを表示する。上下に倒すとグループ内の画像を1枚ずつ表示する。

■ グループ表示にする

MENUボタンを押し、再生メニューの[グループ再生の設定]を選択し、「サムネイルのグループ表示」を「ON」❶に設定する。

再生で一覧表示にすると連続撮影した画像は先頭画像のみが表示され、グループアイコンとグループの総枚数が表示される❷。

CHAPTER 1 ｜ ニコン Z 8 の操作方法

Section 07

メモリーカードを挿入して画質モードと画像サイズを設定しよう

KEYWORD CFexpress ／ XQD カード、SD カード、画質モード、画像サイズ、分割記録

画像の鮮明さは画質モードと画像サイズによって決まる。画質も高く画像サイズも大きいと高精細な画像に仕上がるが、その分ファイルサイズも大きくなる。メモリーカードを選ぶ際は容量だけでなく、転送速度やスピードクラスも確認しよう。カメラの機能がよくても、記録するメモリーカードの処理速度が追い付かないと記録に時間がかかったり、撮影が途中で終了してしまったりすることもある。

1 メモリーカードを理解する

Z 8 は、メモリーカードスロットが 2 つあり、CFexpress（Type B）／ XQD カードと、SD カードをそれぞれ 1 枚ずつセットすることができる。CFexpress ／ XQD カードは SD カードより転送速度が早いため、動画や連写などの撮影でも記録のための待機時間が短くなる。
連写やハイスピードフレームキャプチャー +など、一度の撮影で記録する画像の枚数が多い場合や動画撮影の場合、転送速度が最大 45MB/s（300 倍速）以上の CFexpress カードまたは XQD カードか、転送速度が最大 250MB/s 以上の SD カードを選ぶとよいだろう。

CFexpress/XQDスロット❶にはCFexpressカード（Type B）、XQDカードを使用でき、SDスロット❷にはSDメモリーカードやSDHCメモリーカード、SDXCメモリーカードが使用できる。

2 画質モードを設定する

画質モードは画像を保存するときのファイル形式と圧縮率を設定する項目だ。ファイル形式はRAW（NEF形式）とJPEG（またはHEIF）。RAWは容量が大きいが、撮影後に自分のイメージに合わせて調整できる。

MENUボタンを押し、静止画撮影メニューの[画質モード]を選択する❶。

任意の画質モードを選択する❷。

■Z 8で設定できる画質モードの種類

RAW+FINE (★)	RAWとJPEG（またはHEIF）の2種類の画像を同時に記録する。カメラではJPEG（またはHEIF）画像のみ再生する。JPEG（またはHEIF）画像と同時に記録されたRAW画像はパソコンでのみ再生できる。
RAW+NORMAL (★)	
RAW+BASIC (★)	
RAW	RAW画像のみを記録する。
FINE (★)	JPEG（またはHEIF）画像のみを記録する。FINE★、FINE、NORMAL★、NORMAL、BASIC★、BASICの順に画質は高い。
NORMAL (★)	
BASIC (★)	

3 画像サイズを設定する

画像サイズは画像のピクセル数を設定する項目で、大きいほど大きなモニターや大きな紙での出力に適している。

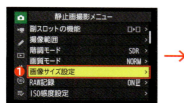

MENUボタンを押し、静止画撮影メニューの[画像サイズ設定]❶から「画像サイズ」を選択する。

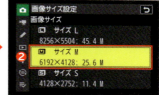

任意の画像サイズを選択する❷。ただし、RAW画像のサイズは「サイズL」に固定されている。

35

4 ダブルスロットで分割記録を行う

RAW画像で記録するならば、メモリーカードを2枚使用した分割記録に設定するのがおすすめだ。まずは主に使用するスロットを選択し、次に副スロットの機能で分割記録を設定しよう。

■ 主スロットを選択する

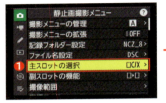 

MENUボタンを押し、静止画撮影メニューの［主スロットの選択］を選択する❶。

任意のスロットを選択する❷。

■ 副スロットの機能を選択する

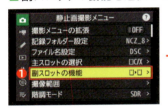 

MENUボタンを押し、静止画撮影メニューの［副スロットの機能］を選択する❶。

階調モードが［SDR］の場合は「RAW+JPEG分割記録」❷か「JPEG+JPEG分割記録」❸を選択する。

RAW+JPEG分割記録 / RAW+HEIF分割記録	RAWとJPEG（HEIF）を同時に記録する画質モードの場合、主スロットにRAW画像、副スロットにJPEG（HEIF）画像を記録する。その他の画質モードの場合は、同じ画像を主スロットと副スロットの両方に記録する。
JPEG+JPEG分割記録 / HEIF+HEIF分割記録	主スロット、副スロットの両方にJPEG（HEIF）画像を記録する。主スロットには静止画撮影メニューで設定した画像サイズ、画質モードの画像が記録される。副スロットには画質モードが［BASIC］のJPEG（HEIF）画像が記録される。画像サイズは［JPEG+JPEG分割記録］を選んで▶を押すと変更できる。

CHAPTER 2

絶対にマスターしたい機能

- Section 01 ｜ AFの種類を理解しよう
- Section 02 ｜ フォーカスモードを変更しよう
- Section 03 ｜ AFエリアモードを選択しよう
- Section 04 ｜ フォーカスモードとAFエリアモードを組み合わせよう
- Section 05 ｜ 被写体検出設定を使おう
- Section 06 ｜ マニュアルフォーカスを使おう
- Section 07 ｜ 露出の基本と調整方法を知ろう
- Section 08 ｜ 露出補正で写真の明るさを調整しよう
- Section 09 ｜ シャッター優先オートで撮影しよう
- Section 10 ｜ 絞り優先オートで撮影しよう
- Section 11 ｜ マニュアル露出で撮影しよう
- Section 12 ｜ 測光モードを使い分けよう
- Section 13 ｜ ISO感度を使おう
- コラム ｜ ISO感度を積極的に使って手持ち撮影しよう

CHAPTER 2 ▍絶対にマスターしたい機能

Section 01

AFの種類を理解しよう

KEYWORD AF-S、AF-C、AF-F、フォーカスモード、AFエリアモード

自動でピントを合わせてくれるAF（オートフォーカス）はフォーカスモードによって動作が変わる。主に、被写体が動いているか止まっているかでフォーカスモードを変えるとよい。各モードの特徴を把握して、被写体によって使い分けると、ピント合わせがスムーズになる。

1 AFのしくみを知る

静止画のフォーカスモードには「AF-S」「AF-C」の2つのAFが搭載されている。動画撮影時には「AF-F」が使用できる。AF性能を最大限に生かすにはフォーカスモードとAFエリアの組み合わせが重要になる。選択したフォーカスモード（→ P.40）によって、設定できるAFエリアモード（→ P.42）が異なるので、組み合わせを考えて設定しよう。AFにおけるフォーカスモードの特徴は以下の通りだ。

AF-S	シャッターボタンを半押ししてピントが合うと、フォーカスポイント（ピントが合う位置）が赤から緑色になり、ピント位置を固定する。初期設定では、ピントが合わない場合、フォーカスポイントは赤く点滅してシャッターは切れない。
AF-C	一度ピントが合うと、シャッターボタンを半押ししている間、ピント位置は固定されず、ピントが合った被写体を追い続ける。
AF-F（動画のみ）	常に被写体の動きや構図の変化に合わせてピントを合わせ続ける。シャッターボタンを半押しすると、ピント位置を固定する。動画モードの場合のみ選択することができる。

2 フォーカスモードを知る

フォーカスモードはピント合わせの機能のことで、撮影する被写体によって設定するとよい。静止画撮影時は「AF-S」「AF-C」の2つが使用でき、シャッターボタンを半押ししてピント合わせを行う。風景やテーブルフォトなど被写体が静止している場合、「AF-S」に設定し、子どもや動物など動きのある被写体の場合は、「AF-C」に設定する。

AF-Sで撮影

AF-Cで撮影

3 AFエリアモードを知る

AFエリアモードはピント合わせを行うフォーカスポイントの大きさや形を設定する機能だ。設定したフォーカスモードによって使用できるモードが異なる。ピント合わせを行いたい場所が小さい場合、ピンポイントAFに、動き回るペットなどを撮影する場合は、ワイドエリアAFに設定すると、ピントが合いやすい。

ONE POINT　AF-Cモード設定時に何を優先するか設定できる

動く被写体を撮影する際は、フォーカスモードをAF-Cにするのが鉄則だが、シャッターボタンを押した際に何を優先してシャッターを切るか設定できる。「フォーカス」に設定すると、ピントが合わないときはシャッターが切れないのでピンボケ写真を削除する手間が省ける。

フォーカスモードを変更しよう

KEYWORD フォーカスモード、AF、MF

フォーカスモードとはピントを合わせる機能のことで、シャッターボタンを半押しするとカメラが自動で行うAF（オートフォーカス）と、撮影者が手動でピント合わせを行うMF（マニュアルフォーカス）がある。

1 フォーカスモードを変更する

フォーカスモードの変更には、いくつか方法がある。カメラ左前面にあるフォーカスモードボタンを使用する方法と、初期設定では *i* メニューに割り振られているほか、MENUボタンからも設定することができる。

■ フォーカスモードボタンから変更する

カメラ左前面にあるフォーカスモードボタン❶を押しながら、メインコマンドダイヤル❷を回してフォーカスモードを設定する。

どのフォーカスモードを選択しているかは画像モニターに表示される❸。

■ *i* メニューから変更する

i ボタンを押して *i* メニューを表示し、[フォーカスモード]を選択する❶。

任意のフォーカスモードを選択し❷、OKボタンで決定する。

2 フォーカスモードとピント合わせの関係を知る

フォーカスモードはピント合わせの方法を設定できる機能で、被写体に合わせて切り換える。フォーカスモードは大きく分けるとオートフォーカス（AF）とマニュアルフォーカス（MF）の2種類がある。AFはピント合わせをカメラに任せることができるので、シャッターチャンスを逃しにくい。ただし、レンズから一番近い対象物にピントを合わせようとするため、AFエリアモードによっては意図しない場所にピントが合うこともある。MFはAFでは難しい天体や大きい前ボケが入るシーンで有効だ。

暗いシーンでうまくピント合わせができないときは、AFからMFに切り換えるとよい。大きく前ボケを入れるときは、MFにするか、フォーカスモードをAF-SでAFエリアモードをピンポイントAFに設定するのもよいだろう。

ONE POINT レンズでフォーカスモードを切り換える

一部のレンズにはフォーカスモード切り換えスイッチがあり、AFとMFを切り換えられるようになっている。カメラ本体の設定とレンズのスイッチの設定が違う場合、レンズの設定が優先されるので覚えておこう。

CHAPTER 2 ■ 絶対にマスターしたい機能

Section 03 AFエリアモードを選択しよう

KEYWORD AFエリアモード、フォーカスポイント、タッチシャッター

AFはフォーカスポイントのある場所にピントを合わせる。フォーカスポイントの大きさや形は、<u>AFエリアモード</u>で設定する。同時に被写体検出設定（→ P.48）も設定できる。

1 AFエリアモードを設定する

AFエリアモードは、フォーカスモード（→ P.40）と同様、複数の方法から設定することができる。フォーカスモードボタンからか、メニュー、iメニューのいずれか使いやすい方法で設定しよう。

■ フォーカスモードボタンを使って変更する

カメラ左前面にあるフォーカスモードボタン❶を押しながら、サブコマンドダイヤル❷を回してフォーカスモードを設定する。

どのAFエリアモードを選択しているか、被写体検出設定にしているかは画像モニターに表示される❸。

■ iメニューから変更する

iボタンを押して、iメニューを表示し、[AFエリアモード/被写体検出]を選択する❶。

任意のAFエリアモードを選択する❷。▼を押すと、同時に「AF時の被写体検出設定」も選択することができる❸。

2 AFエリアモードの種類を知る

AF エリアモードはそれぞれフォーカスポイントの範囲や動作条件が
異なる。フォーカスモードによって、使用できるモードが変わる。

ピンポイント AF ※静止画モード：AF-S のみ	[ロ] PIN	シングルポイント AF よりも小さいフォーカスポイントで AF を行う。ピントを合わせたい場所が画面の中でとても小さい場合に使うとよい。
シングルポイント AF	[ロ]	1 点のフォーカスポイントを使って AF を行う。静止している被写体に向いている。
ダイナミック AF（S） ※静止画モード：AF-C のみ	[ロ]S	撮影者が選んだフォーカスポイントでピント合わせを行うが、フォーカスポイントから被写体が一時的に外れても、周辺から被写体を探してピントを合わせる。スポーツの撮影など動きのある被写体に向いている。
ダイナミック AF（M） ※静止画モード：AF-C のみ	[ロ]M	
ダイナミック AF（L） ※静止画モード：AF-C のみ	[ロ]L	
ワイドエリア AF （S）	[ロ] WIDE-S	シングルポイント AF よりも広いエリアでピント合わせを行う。動きのある被写体などシングルポイント AF では捉えにくい被写体に適している。ワイドエリア AF（L）はワイドエリア AF（S）よりも広いエリアで AF を行う。
ワイドエリア AF （L）	[ロ] WIDE-L	
ワイドエリア AF （C1）	[ロ] W-C1	AF エリアのサイズをフォーカスポイントの縦と横の数で設定することができる。静止画撮影メニューの［AF エリアモード］の「ワイドエリア AF（C1）、（C2）」で設定する。ピントを合わせたい範囲があらかじめ決まっている被写体の撮影に向く。
ワイドエリア AF （C2）	[ロ] W-C2	
3D- トラッキング ※静止画モード：AF-C のみ	[3D]	追尾させたい被写体にフォーカスポイントを合わせて AF-ON ボタンを押すか、シャッターボタンを半押しすると被写体を追尾し、再度 AF-ON ボタンを押すかシャッターボタンを放すと追尾する前の位置に戻る。
ターゲット追尾 AF ※動画モードのみ	⊕	追尾させたい被写体にフォーカスポイントを合わせ、OK ボタン、または AF-ON ボタンを押すか、シャッターボタンを半押しすると被写体を追尾する。OK ボタンを押すと追尾を終了し、フォーカスポイントが中央に戻る。
オートエリア AF	[■]	すべてのフォーカスポイントから被写体をカメラが自動で判別してピントを合わせる。

2

絶対にマスターしたい機能

3 フォーカスポイントを移動させる

AFエリアモードが「オートエリアAF」以外の場合、フォーカスポイント（ピントが合う位置）を任意のポイントに移動させることができる。また、「シングルポイントAF」のようにAFの点数が多いモードの際は「AF点数」を「スキップ」に設定すると、フォーカスポイントの数が約1/4になるので、フォーカスポイントを素早く移動できる。

「オートエリアAF」以外のAFエリアモードに設定し、マルチセレクターかサブセレクターで任意の場所にフォーカスポイントを移動させる❶。

フォーカスポイントを中央に戻したい場合は、OKボタンを押す❷。

■ AF点数を少なくする

MENUボタンを押し、カスタムメニューの［a4 AF点数］を選択する❶。

「スキップ」を選択すると❷、フォーカスポイントの数が1/4になる。

ONE POINT　フォーカスポイントをロックする

フォーカスポイントを移動させたくないときは［f4 操作のロック］で「フォーカスポイントのロック」を設定するとその時点の位置でフォーカスポイントを固定できる。ただし、AFエリアモードを「オートエリアAF」にしているとロックできない。

4 タッチシャッターで撮影する

Z8は画像モニターがタッチパネルとなっており、画像モニターに触れて操作を行うことができる。撮影時のタッチシャッターやピント合わせ、フォーカスポイントの移動などが可能だ。

■ タッチシャッターを切る

カメラを構え、画像モニター上の被写体にタッチする❶。

タッチした被写体にピントが合い、指を離すとシャッターが切れる。

■ タッチシャッターの設定を変更する

画像モニター上、 （タッチ操作機能アイコン）をタッチすると❶、タッチ操作の設定を変更できる。設定はタッチするたびに切り換わる。

「タッチシャッター/タッチAF」「無効」「フォーカスポイント移動」「タッチAF」の中から選択する❷。

■ タッチシャッターの種類

タッチシャッター / タッチ AF	タッチした場所にフォーカスポイントを移動してピント合わせを行い、指を離すとシャッターが切れる。
無効	タッチ操作が無効となる。
フォーカスポイント 移動	タッチした位置にフォーカスポイントを移動する。ピント合わせを行わず、シャッターも切れない。
タッチ AF	タッチした場所にフォーカスポイントを移動してピントを合わせる。指を離してもシャッターは切れない。

CHAPTER 2 ▌ 絶対にマスターしたい機能

Section 04

フォーカスモードとAFエリアモードを組み合わせよう

KEYWORD フォーカスモード、AF エリアモード

撮影シーンに応じて適切なフォーカスモードと AF エリアモードを組み合わせることで、AF の性能を最大限に生かすことができる。ここでは、どのフォーカスモードと、どの AF エリアモードを組み合わせるとよいかを解説する。

1 AF-Sとシングルポイント AF

植物などの動きの少ない被写体の場合、AF-S とシングルポイント AF を使うとよい。ピントを合わせたい位置に確実にピントを持ってくることができる。またマクロレンズを使って小さい範囲にピントを合わせたいときは、ピンポイント AF を使うとよい。

カメラ設定

撮影モード マニュアル
絞り値 f5.6
シャッタースピード 1/60秒
露出補正 +0.3
ISO感度 1800 (ISO AUTO)
WB 晴天
使用レンズ NIKKOR Z 24-120mm f/4 S
焦点距離 110mm

2 AF-Cとワイドエリア AF

飛行機や電車などの動きのある被写体には、動きを追従してくれるAF-Cモードを選ぶ。奥から手前、横移動など動きが比較的予測しやすい場合、ワイドエリア AF（S）を、追い切れるか不安な場合は、広いエリアをカバーしてくれるワイドエリア AF（L）を使おう。

カメラ設定
撮影モード
シャッター優先オート
絞り値 f8
シャッタースピード
1/500秒
露出補正 −0.3
ISO感度
100（ISO AUTO）
WB 自然光オート
使用レンズ NIKKOR Z 100-400mm f/4.5-5.6 VR S
焦点距離 400mm

3 AF-Cとオートエリア AF

犬や子どもなど、動きが予測できない被写体にはオートエリア AF を使うと、画面内のすべてのフォーカスポイントからカメラが自動でピントを合わせてくれる。動物の撮影時は［AF 時の被写体検出］を「動物」（→ P.49）に設定すると動物の顔や瞳にピントを合わせてくれるので便利だ。

カメラ設定
撮影モード
シャッター優先オート
絞り値 f5
シャッタースピード
1/1000秒
露出補正 −0.3
ISO感度
160（ISO AUTO）
WB 自然光オート
使用レンズ NIKKOR Z 100-400mm f/4.5-5.6 VR S
焦点距離 240mm

Section 05 被写体検出設定を使おう

KEYWORD 被写体検出設定、AFエリアモード

Z8は指定した被写体を検出して、優先的にピント合わせを行うことができる。フォーカスモードをAFに設定しているときに検出する対象を選択できる。動きが予測できない人の撮影では「人物」に、素早く動くペットは「動物」に設定する。

1 被写体検出設定を使う

被写体検出設定は、AFエリアモードを「ワイドエリアAF（S）」、「ワイドエリアAF（L）」、「ワイドエリアAF（C1）」、「ワイドエリアAF（C2）」、「3D-トラッキング」、「ターゲット追尾AF」、「オートエリアAF」に設定した場合に使える機能で、指定した被写体に優先的にピントを合わせてくれる。

大きい前ボケが入る撮影でも被写体検出の「動物」に設定しておけば、指定した被写体を検出して瞳にピントを合わせてくれる。

被写体検出設定の「鳥」は、ファームウェアVer.2.00で追加された。鳥は犬や猫と違い、瞳が横に付いており、瞳の大きさもとても小さいが、飛翔中や素早く動いている際も検出できるようになった。

2 被写体検出設定を理解する

フォーカスモードを AF に設定している際は、基本的に被写体検出が動作している。基本は「オート」の設定で、人物、動物および乗り物を被写体として検出し、ピントを合わせる対象をカメラが自動的に選択する。反対に構図をしっかり考えて風景写真など動かない被写体を撮影する際は、「しない」に設定すると、ふいに人物や動物がフレームインしてもフォーカスポイントが動くことはない。

3 被写体検出設定を設定する

AF 設定時のピント合わせで、優先してピントを合わせる被写体を選べるのが［AF 時の被写体検出設定］だ。人物を検出すると顔や瞳にフォーカスポイントが表示される「人物」や、自転車や電車、車などを検出できる「乗り物」、飛行機を検出する「飛行機」などがある。ファームウェア Ver.2.00 以降ならば、鳥を検出できる「鳥」も使うことができる。*i* メニューからも設定できる。

MENUボタンを押し、静止画撮影メニューから［AF時の被写体検出設定］を選択する❶。

検出したい被写体を選択し❷、OKボタンを押す。

ONE POINT　動物を撮影する際はAF補助光をOFFにする

少し暗めのシーンなどで AF 補助光（ピント合わせのため照射される光）を作動させると、動物の瞳に悪影響をおよぼす可能性がある。その場合は、MENU ボタンを押し、カスタムメニューの［a12 内蔵 AF 補助光の照射設定」を「OFF」に設定にすると、シャッターボタンを半押ししても AF 補助光が作動しないので安心だ。

CHAPTER 2 ▎絶対にマスターしたい機能

Section 06 マニュアルフォーカスを使おう

KEYWORD MF、フォーカスピーキング、拡大表示

AFが苦手とするシーンに、星空などのとても暗い状況、水面、ガラスの写り込みなどの反射面、強い逆光などが挙げられる。また、大きく前ボケを入れる際や、複数の被写体が重なり合うような状況でAFが迷ってしまうときでもMFなら意図した場所にピントを合わせられる。MFはレンズのコントロールリングを回し、撮影者が手動でピントを合わせる方法だ。ピント合わせの補助としてピーキング機能や拡大機能があり、MFをサポートしてくれる。

1 MFでピントを合わせる

MFのピント合わせはレンズのフォーカスリングまたはコントロールリングを回して行う。シャッターボタンを半押しした状態でピントが合うと、フォーカスポイントが緑色に点灯する。また、画像モニター上ではピントが合っているか確認しづらい場合は、ピント表示に●が点灯しているか確認するとよい。

■ MFのピントの合わせ方

*i*メニューから［フォーカスモード］を選択し、「MF」に設定する❶。

レンズのフォーカスリングまたはコントロールリングを回し❷、ピントを合わせる。

2 フォーカスピーキングを設定してピント合わせの補助をする

マニュアルフォーカスでピントが合っている部分を確認するのに、便利な機能が「フォーカスピーキング」だ。ピントの合った部分のエッジに色が付くので一目でわかる。表示色は赤、黄、青、白があるので被写体の色に応じて選択しよう。

■ フォーカスピーキングの設定

MENUボタンを押し、カスタムメニューから[a13 フォーカスピーキング]を選択する❶。「フォーカスピーキング表示」を「ON」にするとピントが合っている部分が強調される。

被写体が白いので、表示色を赤に設定。ピントが合った花びらの部分が赤く表示された。

3 拡大表示を設定してピント合わせの補助をする

小さな被写体などのピントが合っているかどうかを確認するには、拡大機能を使おう。フォーカスポイントがある部分を、拡大表示できるので便利だ。

■ 拡大表示の使い方

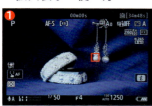

撮影中❶に、拡大ボタンを押す❷。

フォーカスポイントがある部分が拡大される❸。拡大機能は、MF時だけでなく、AF時にも使用できる。

CHAPTER 2 ┃ 絶対にマスターしたい機能

Section 07

露出の基本と調整方法を知ろう

KEYWORD 露出、絞り、シャッタースピード、標準露出

写真撮影で重要な要素の1つが露出だ。カメラはレンズから光を取り込み、イメージセンサー（撮像素子）に写し、画像処理エンジンを通すことで、画像として記録している。露出をコントロールすることで写真のイメージは大きく変わる。

1 露出とは

露出とはカメラに取り込まれる光の量のこと。取り込まれる光量によって、多ければ「明るく」、少なければ「暗く」なる。露出はシャッタースピードと絞りの組み合わせと、ISO感度によって決定される。ここでは、シャッタースピードと絞りの関係をわかりやすくするために、ISO感度を固定したと仮定し説明をする。

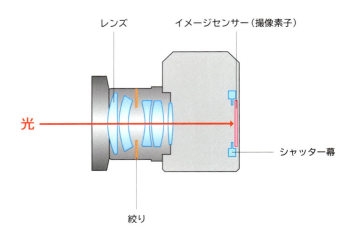

レンズから光を取り込み、イメージセンサー（撮像素子）に写すことで画像処理エンジンにデータを送信し、画像として記録する。

2 絞りと露出の関係

レンズ内にある絞りは、絞り羽根という複数の羽根が組み合わさった機構で、開けたり閉じたりしてカメラに光を取り込む量を決定する。絞りの穴の大きさを示す数値は「絞り値」と呼ばれ、「F5.6」や「F11」のように表記される。絞り値が小さいと光を取り込む量が増え、反対に絞り値が大きくなると、取り込む光の量は少なくなる。レンズの絞りをもっとも開いた状態を開放絞りといい、その絞り値を開放絞り値という。レンズによって開放絞り値は異なり、レンズに表記されている (→P.85)。

絞りと露出の関係を示したのが上記の図だ。絞り値が小さいほど穴が大きくなり、取り込む光の量は多くなる。また、絞りは被写界深度 (→P.60) にも影響する。

3 シャッタースピードと露出の関係

シャッターが開いている時間を制御するシャッタースピードは「1/60」「1/250」のように表記される。シャッタースピードが速ければイメージセンサーに光が当たる時間が短いため、取り込む光の量は少なくなる。反対にシャッタースピードが遅いとイメージセンサーに光が当たる時間は長くなり、取り込む光の量は多くなる。

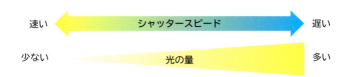

シャッタースピードと露出の関係を示したのが上記の図だ。シャッタースピードが速いほどイメージセンサーに光が当たる時間が短くなる。また、シャッタースピードは写真のブレ (→P.59) にも影響する。

4 絞りとシャッタースピードの関係

露出は絞りとシャッタースピード、ISO感度 (→ P.66) の3つの関係で決まる。それぞれをイラストにある、容器、蛇口、時計の3つに置き換えて説明すると、蛇口（絞り）を開けばたくさんの水が流れ、容器に水が貯まる（十分な露出を得られる）までの時間（シャッタースピード）は速くなるといった具合だ。

※ここではISO感度を固定したと仮定する。

■ 絞りとシャッタースピードの組み合わせ

同じ露出を得られる絞りとシャッタースピードの組み合わせは、一通りとは限らない。たとえば、同じ環境下では、F11と1/15秒と、F5.6と1/60秒は、同じ明るさを得ることができる。明るさは同じでも、被写界深度によるボケや大きさ、シャッタースピードによるブレなどの表現は変わる。

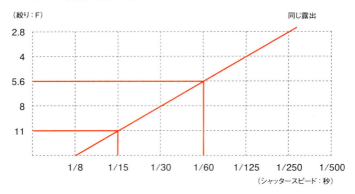

下の写真は同じ露出で絞りとシャッタースピードの組み合わせを変えたものだ。滝の写真は左右とも明るさは同じだが、水流の写り方が違うことがわかる。色えんぴつの写真も左右とも明るさは同じだが、ピントの合って見える範囲（被写界深度）は異なっている。

F2.0 1/320 秒

F8.0 1/20 秒

F6.3 1/250 秒

F16 1/80 秒

5 標準露出と適正露出

標準露出とは、カメラが判断した明るさのこと。カメラは基本的に標準露出で撮影するようにプログラムされている。適正露出とは撮影者がイメージした明るさのことだ。標準露出と適正露出が違うときは、露出補正（→ P.57）を行うとよい。

標準露出

適正露出

左の写真は標準露出で撮影したものだ。イメージよりも暗かったので、露出補正で明るさを調整した。

CHAPTER 2 ▎絶対にマスターしたい機能

Section 08

露出補正で写真の明るさを調整しよう

KEYWORD 露出補正、ハイキー、ローキー

カメラが決めた標準露出は、必ずしも自分のイメージ通りの明るさになるとは限らない。カメラが決めた露出を意図的にずらして**狙い通りの明るさにする**のが露出補正だ。Z 8には露出補正ボタンがあり、コマンドダイヤルを回して1/3段ステップで最大±5段の範囲で露出を補正できる。

1 標準露出を知る

カメラが標準的な明るさになるように導き出したのが標準露出で、撮影者がイメージする明るさのことを適正露出という。基本的には標準露出できれいな画像が撮影できるが、被写体や、撮影イメージによってその明るさを調整したい場合がある。たとえば、雪景色や砂浜などの撮影では、白っぽい被写体が画面の大半を占めることになるが、カメラはそれを「白」ではなく「明るい」と捉えてしまうので、肉眼で見るより暗く写ってしまう。標準露出で思ったような明るさにならない場合は、イメージに合うように露出補正をするとよい。

カメラ設定
撮影モード 絞り優先オート
絞り値 f1.2
シャッタースピード 1/125秒
露出補正 +1.7
ISO感度 100
WB オート
使用レンズ NIKKOR Z 85mm f1.2 S
焦点距離 85mm

写真の表現として露出補正を使用するのもよい。作例では、ポートレート撮影でプラスに補正した。明るくふんわりとした表現となり、女性のやさしい印象を表現することができた。

56

2 露出補正で明るさを調整する

画面の中に白っぽい色や明るい色が多い場合、カメラが示す露出では写真が暗くなることがある。その場合、イメージした明るさになるようにプラス補正する。逆に暗いものが多い場合は写真が明るくなることがあるので、イメージに合わせてマイナス補正する。

■ 露出補正をする

露出補正ボタン❶を押しながらメインコマンドダイヤル❷を回すと、1/3段ステップで±5段の範囲で露出補正できる。

↓

補正量を設定すると、ファインダーと表示パネル、モニター画面に、露出補正マーク❸と露出補正インジケーター❹が表示される。Mモード以外は露出補正インジケーターの0が点滅し、補正量は露出補正ボタンを押すと確認できる。

ハイキー	ローキー

日に照らされたイチョウの葉を、よりさわやかにするために、プラス補正した。ハイキーの写真にすることで明るく軽やかな表現にできた。	雲の形が印象的だったので、思い切りマイナス補正して際立たせた。太陽の光や、周りの色付きもぐっと引き締まり、かっこよく仕上げることができた。

ONE POINT 露出補正の段とは

露出補正で使用される「段」は、明るさの単位を表す指標の1つ。段数が上がれば画像が明るく、段数が下がれば画像が暗くなる。プラス1段では光の入る量は2倍になり、マイナス1段では光の入る量は1/2になる。

CHAPTER 2 ▎絶対にマスターしたい機能

Section 09

シャッター優先オートで撮影しよう

KEYWORD シャッター優先オート、高速シャッター、低速シャッター

シャッター優先オート（S）は、**シャッタースピードを撮影者が設定**し、絞り値をカメラが決めるモードだ。主に動いている被写体を撮影するときに活躍する。被写体の一瞬の動きを止めて写したり、ブラして**動感を表現**したりできる。

1 被写体の動きを表現する

シャッタースピードを変えることで、目で見たイメージとは違った描写が可能になる。高速のシャッタースピードでは一瞬の動きを止めることができ、低速のシャッタスピードではブレ感のある被写体や、残像効果を得ることができる。被写体に合わせてシャッタースピードを変えてみるとよいだろう。下の写真では低速シャッターで動感が表現できた。

カメラ設定

撮影モード
シャッター優先オート
絞り値 f4
シャッタースピード 1/15秒
露出補正 0
ISO感度 900 (ISO AUTO)
WB 晴天
使用レンズ NIKKOR Z
24-120mm f/4 S
焦点距離 87mm

■ シャッター優先オートに設定する

MODEボタン❶を押しながらメインコマンドダイヤル❷を回し、撮影画面と表示パネルにSを表示させる❸。メインコマンドダイヤルを右に回すとシャッタースピードが速くなり、左に回すとシャッタースピードが遅くなる。

58

2 高速のシャッタースピードで動きを止める

一般的に1/250秒程度以上から高速のシャッタースピードといわれ、動きを写し止めて撮影することができる。作例は近付いてくる波しぶきの一瞬を狙って、1/2000秒のシャッタースピードで砕け散る水の動きを止めて撮影した。どの瞬間でシャッターを切るのかによって波の形が変わってくるので、高速のシャッタースピードと連写モードを組み合わせて撮影するとよいだろう。

カメラ設定
撮影モード シャッター優先オート
絞り値 f5.6
シャッタースピード 1/2000秒
露出補正 -0.3
ISO感度 100 (ISO AUTO)
WB オート1 [雰囲気を残す]
使用レンズ NIKKOR Z 100-400mm f/4.5-5.6 VR S
焦点距離 40mm

3 低速のシャッタースピードでブラす

低速のシャッタースピードにすると、被写体のブレ感や、残像効果が表現できる。作例のように夜景での光跡は、低速のシャッタースピードにすることで残像効果を得られる。建物などの静止している被写体があることで、よりブレの効果がわかる。

カメラ設定
撮影モード マニュアル
絞り値 f5.6
シャッタースピード 1/4秒
露出補正 +0.3
ISO感度 900 (ISO AUTO)
WB オート1 [雰囲気を残す]
使用レンズ NIKKOR Z 24-120mm f/4 S
焦点距離 24mm

CHAPTER 2 ｜ 絶対にマスターしたい機能

Section 10

絞り優先オートで撮影しよう

KEYWORD 絞り優先オート、絞り、ボケ

絞り優先オート（A）とは、絞り値を撮影者が設定し、シャッタースピードをカメラが決めるモードだ。絞り値は被写界深度（ピント面の前後のピントが合っているように見える範囲）に大きく影響するため、絞り優先オートはボケをコントロールするモードといえる。

1 絞りとボケの関係を理解する

絞り値とは、レンズの絞り羽根による穴の大きさを数値化したもので、Fという値で表されるためF値とも呼ばれる。絞り値が小さいほど穴は大きく、被写界深度が浅くなりボケやすい。絞り値が大きいほど穴は小さく、被写界深度が深くなりピントが合ったように見える範囲が広くなる。

カメラ設定

撮影モード 絞り優先オート
絞り値 f4
シャッタースピード 1/1250秒
露出補正 +0.3
ISO感度 100（ISO AUTO）
WB 晴天
使用レンズ NIKKOR Z 24-120mm f/4 S
焦点距離 120mm

■ 絞り優先オートに設定する

MODEボタン❶を押しながらメインコマンドダイヤル❷を回し、撮影画面と表示パネルにAを表示させる❸。サブコマンドダイヤルを右に回すと絞り値が大きくなり、左に回すと絞り値が小さくなる。

2 絞りを開けてボケを作る

レンズの開放絞り値など、絞りを開ければ被写界深度が浅くなりボケを作ることができる。絞りでピントの合う範囲やボケの量を調整可能だ。作例では絞りを開放にして背景ボケを作ったことで、モデルの女性がより強調された。

カメラ設定

撮影モード 絞り優先オート　絞り値 f4
シャッタースピード 1/80秒　露出補正 +0.7
ISO感度 160 (ISO AUTO)
WB 自然光オート
使用レンズ NIKKOR Z 24-120mm f/4 S
焦点距離 120mm

3 全体をシャープに写す

絞りを絞れば被写界深度が深くなり、画面全体にピントが合ったような写真が撮影できる（パンフォーカス）。とくに広角レンズを使用した際は、絞ることで被写界深度がとても深くなる。風景撮影や商品撮影などでは、画面全体をシャープに見せるため、絞りを絞った撮影を行うことが多い。

カメラ設定

撮影モード
絞り優先オート
絞り値 f11
シャッタースピード
1/250秒
露出補正 -0.7
ISO感度
100 (ISO AUTO)
WB 晴天
使用レンズ NIKKOR Z
24-120mm f/4 S
焦点距離 24mm

CHAPTER 2 ■ 絶対にマスターしたい機能

Section **11**

マニュアル露出で撮影しよう

KEYWORD マニュアル、長時間露出

マニュアル（M）は、シャッタースピードと絞りの両方を撮影者が設定するモードだ。ほかのモードと違い、撮影者が好みの明るさになるよう露出を設定する。シャッタースピードを「Bulb」、「Time」にすれば長時間露出も可能だ。

1 マニュアル（M）を理解する

Z8のファインダーや画像モニター、表示パネルには露出インジケーターが表示されているので、それを参考にしながら露出を設定する。また、ISO感度は ISO100 や ISO400 など個別に設定することも、感度自動制御（ISO-AUTO）での撮影も可能だ。

カメラ設定
撮影モード マニュアル
絞り値 f11
シャッタースピード 1/200秒
露出補正 0
ISO感度 100 (ISO AUTO)
WB 晴天
使用レンズ NIKKOR Z 14-24mm f/2.8 S
焦点距離 18mm

■ マニュアル（M）に設定する

MODEボタン❶を押しながらメインコマンドダイヤル❷を回し、撮影画面と表示パネルにMを表示させる❸。メインコマンドダイヤルを回すとシャッタースピードを、サブコマンドダイヤル❹を回すと絞り値を変更できる。

2 明るさを自由に決めることができる

絞り優先オートなど被写体の明るさを判断してカメラが露出を決定するモードでは、被写体によっては写真が暗過ぎたり、明る過ぎたりすることがある。しかしマニュアルモードでは、撮影者自身の好みの露出に設定して撮影できる。明暗差があるシーンでの露出決定にマニュアルモードが便利な場合も多い。

絞り優先オートで撮影

マニュアルで撮影

3 長時間露出で撮影する

シャッタースピードを、「Bulb」に設定するとバルブ撮影になり、シャッターボタンを押している間シャッターが開き続け、長時間露出で撮影できる。「Time」に設定するとタイム撮影になり、シャッターを押して撮影を開始し、もう一度シャッターを押すと撮影を終了する。

カメラ設定

撮影モード マニュアル　絞り値 f8
シャッタースピード 10秒
露出補正 0　ISO感度 400　WB 晴天
使用レンズ NIKKOR Z 24-120mm f/4 S
焦点距離 50mm

CHAPTER 2 ■ 絶対にマスターしたい機能

Section
12

測光モードを使い分けよう

KEYWORD 測光モード

露出を決めるためにカメラが被写体の明るさを測ることを測光といい、画面内のどの部分を測光するか決めるのが測光モードだ。基本的にはマルチパターン測光で対応できるが、被写体や撮影シーンに合わせて適切に設定しよう。

1 測光モードを理解する

基本的には、画面全体の明るさを測ってくれるマルチパターン測光に設定しておけば、どのようなシーンも問題ない。だが被写体が画面を占める大きさや位置によってうまく測光できないことがある。

 →

マルチパターン測光に設定したが、思うような明るさにならなかったのでスポット測光で被写体を測光し、イメージ通りの写真になった。

2 測光モードを変更する

測光モードはメニューから設定する。Z 8 には4種類の測光モードがある。それぞれの測光モードの特徴を把握しておき、撮影時に迷わないようにしておこう。

静止画撮影メニューから［測光モード］を選択する❶。　任意の測光モードを選択する❷。

3 測光モードの種類を知る

◨ マルチパターン測光

画面の広い範囲を測光して明るさの分布や、色、構図などさまざまな情報から露出を決める。見た目に近い明るさになる。比較的どんな撮影シーンでも対応できる。

◉ 中央部重点測光

画面の中央部を重点的に測光する。メインの被写体を中央付近に配置するときに向いている。また測光範囲は変更できる。

⊡ スポット測光

フォーカスポイント付近を重点的に測光する。AFエリアモードが「オートエリアAF」のときは、画面中央を測光する。被写体と背景の明暗差が大きいときに使用する。

⊡* ハイライト重点測光

画面の明るい部分を重点的に測光する。ハイライト部分の白とびを軽減したいときに向いている。

Section 13 ISO感度を使おう

KEYWORD ISO感度、ISO-AUTO、制御上限感度

ISO感度とは、カメラが光を感じる敏感度を表す数値で、絞り、シャッタースピードとともに露出を決める要素の1つだ。ISO感度が低いと光の感じ方が弱くなり、高いほど光を感じやすくなる。また、「感度自動制御」を設定すれば、シーンに合わせてカメラが自動でISO感度を設定してくれる。

1 ISO感度の用途

暗いシチュエーションで速いシャッタースピードを設定してブレを防いだり、絞りを絞って被写界深度を深くしたりする場合、ISO感度を高く設定するとよい。反対にスローシャッターで撮影したり、絞りを開けてボケを生かした撮影をしたりする場合は、ISO感度を低く設定するとよい。下の写真はISO-AUTOを利用して手持ちで撮影できた。

カメラ設定
撮影モード
シャッター優先オート
絞り値 f4
シャッタースピード 1/500秒
露出補正 -0.3
ISO感度 6400（ISO AUTO）
WB 晴天
使用レンズ NIKKOR Z 24-120mm f/4 S
焦点距離 120mm

■ISO感度を設定する

ISO感度ボタン❶を押しながらメインコマンドダイヤル❷を回してISO感度を設定する。

2 ISO感度をオートにする

「感度自動制御」を「ON」に設定するとISO-AUTOに切り換わり、被写体の明るさに応じてカメラが自動でISO感度を設定してくれる。絞りとシャッタースピードだけに注目して露出の決定が行えるので便利だ。

MENUボタンを押し、静止画撮影メニューの[ISO感度設定]を選択する❶。

「感度自動制御」を「ON」にすると❷、ISO-AUTOに切り換わる。

ISO感度ボタン❶を押しながらサブコマンドダイヤル❷を回すと、ISO-AUTO（感度自動制御 ON）と、ISO（感度自動制御 OFF）を切り換えられる。

3 制御上限感度を設定する

ISO感度が高くなり過ぎると、画像がざらついて見えるノイズが発生する。ISO感度が高くなり過ぎないように、ISO-AUTOを設定中は「制御上限感度」を設定しておくとよいだろう。

MENUボタンを押し、静止画撮影メニューの[ISO感度設定]から「制御上限感度」を選択する❶。

任意のISO感度を選択し❷、OKボタンで決定する。

ISO感度を積極的に使って手持ち撮影しよう

Z 8は常用で最大25600までISO感度を上げて撮影できるので、薄暗いシーンでの手持ち撮影や、シャッタースピードを速く設定したい際は高感度に設定するとよい。ただし、高感度にすると、シャドー部などに若干のノイズが気になることもあるので、高感度ノイズ低減を設定するのもおすすめだ。また、手ブレが気になる際はシンクロVRを意識してレンズを選ぶのもよい。特定のレンズと組み合わせることで、Z 8のボディのVRとレンズのVRを連携し、より大きなブレに対応できる。

■ 高感度ノイズ低減の設定方法

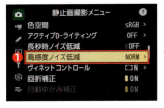

MENUボタンを押し、静止画撮影メニューから [高感度ノイズ低減] を選択する❶。

任意の強度を選択する❷。

■ シンクロVR対応レンズ

Z8に搭載しているシンクロVRは、対応レンズに最適なVR補正(ブレの補正)の制御を行い、レンズVRとボディ内VRを連携して、より大きなブレを補正できる。以下が対応レンズだ。

NIKKOR Z 28-400mm f/4-8 VR
NIKKOR Z 70-200mm f/2.8 VR S
NIKKOR Z 100-400mm f/4.5-5.6 VR S
NIKKOR Z 400mm f/2.8 TC VR S
NIKKOR Z 400mm f/4.5 VR S

NIKKOR Z 600mm f/4 TC VR S
NIKKOR Z 600mm f/6.3 VR S
NIKKOR Z 800mm f/6.3 VR S
NIKKOR Z MC 105mm f/2.8 VR S

CHAPTER

3

高度な必須設定

Section 01 ┃ アクティブD-ライティングを使おう

Section 02 ┃ ホワイトバランスで色味を調整しよう

Section 03 ┃ ピクチャーコントロールで写真を楽しもう

Section 04 ┃ Creative Picture Controlを使おう

CHAPTER 3 | 高度な必須設定

Section 01 アクティブD-ライティングを使おう

KEYWORD アクティブD-ライティング

逆光や光と影など輝度差のある撮影シーンでも白とび、黒つぶれを軽減することができるのがアクティブD-ライティング。逆光などでメインの被写体が暗くなってしまう際や、画面全体の輝度差を抑えたい場合におすすめの機能だ。

1 アクティブD-ライティングを設定する

アクティブD-ライティングは直射日光や逆光など、輝度差が激しいシーンにおすすめの機能。画面全体の明るさを測定できるように、測光モードはマルチパターン測光に設定しておく必要がある。

作例のようなシーンでは、手前にある主役の器や菓子が暗くなる。だが、プラスの露出補正すると全体に明るくなってしまいイメージが変わってしまう。そこでシャドウ部を明るく、ハイライトを抑え気味に描写してくれるアクティブD-ライティングの「強め」を使用した。

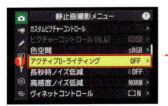

MENUボタンを押し、静止画撮影メニューから[アクティブD-ライティング]を選択する❶。

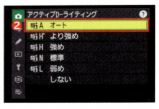

任意の強度を選択する❷。強くするほど明暗差が抑えられてフラットな画像になる。

2 輝度差が高い場所で利用する

作例のように空と街並みの輝度差の激しい状況や逆光などで、アクティブD-ライティングを設定する。ここでは明暗差を抑えて街並みの色も、空の色味も表現するため「強め」を選んでいる。

カメラ設定
撮影モード 絞り優先オート
絞り値 f8
シャッタースピード 1/200秒
露出補正 −0.7
ISO感度 100（ISO AUTO）
WB 晴天
使用レンズ NIKKOR Z 24-120mm f/4 S
焦点距離 28mm

3 目的に合わせて選択する

強い逆光のシーンでは、オート以外に設定する。白とび、黒つぶれを抑えるだけでよいのであれば「弱め」か「標準」に、しっかりと明暗差を抑えたい場合は「強め」や「より強め」を設定するとよい。

カメラ設定
撮影モード 絞り優先オート
絞り値 f8
シャッタースピード 1/80秒
露出補正 −0.7
ISO感度 100（ISO AUTO）
WB 晴天
使用レンズ AF-S NIKKOR 28mm f/1.4E ED
焦点距離 28mm

CHAPTER 3 ▍高度な必須設定

Section 02

ホワイトバランスで色味を調整しよう

KEYWORD ホワイトバランス

デジタルカメラにおけるホワイトバランスとは「白を白く見せるための機能」のこと。あらゆる光源下でも見た目に近い色に補正することで、色の隔たりの少ない画像を撮影することができる。この機能を活用することで、画像の色味に変化を付けることも可能だ。

1 ホワイトバランスを選択するシーン

基本的にはカメラの初期設定のWBオートに設定しておけば、極端に色が偏った写真になることは少ない。しかし撮影場所の光源によっては、見た目とは異なる、少し不自然に感じる色に再現されることもある。その際はWBオート以外の設定も試してみるとよいだろう。

2 ホワイトバランスを設定する

ホワイトバランスの設定方法は、初期設定で2パターンある。画像モニターでの撮影のときは i メニュー、ファインダーでの撮影のときはWBボタンを使って設定するとよいだろう。ここでは i メニューからの設定方法を解説する。

■ i メニューから設定する

i メニューから[ホワイトバランス]を選択する❶。

マルチセレクターで種類を選び❷、OKボタンで決定する。

■ ホワイトバランスの種類

アイコン	名称	説明	作例
WB A	オート	カメラが自動的にホワイトバランスを調整する。「A0」は電球下で白を優先した色味に、「A1」は電球下でやや電球色を残す雰囲気のある色味に、「A2」は電球下で電球色を残し暖かみのある色味に仕上げる。	
☀A	自然光オート	自然光下で、「オート」より見た目に近い色味に仕上げる。	
☀	晴天	晴天の屋外での撮影に向いている。	
☁	曇天	曇り空の屋外での撮影に向いている。	
🏠	晴天日陰	晴天時に日陰での撮影に向いている。	
💡	電球	白熱電球下での撮影に向いている。	
💡	蛍光灯	蛍光灯の種類によって項目を選択する。「CW」は白色蛍光灯下での撮影に、「DW」は昼白色蛍光灯下での撮影に、「DY」は昼光色蛍光灯下での撮影に向いている。	
WB ⚡	フラッシュ	フラッシュ撮影時に向いている。	
K	色温度設定	WBボタンを押しながらサブコマンドダイヤルを回すと、色温度を自由に設定できる。	
PRE	プリセットマニュアル	WBボタンを長押しするとプリセットマニュアルを取得（基準となる白を取得）し、それに合ったホワイトバランスを設定する。	

3 ホワイトバランスを微調整する

色温度設定以外のホワイトバランスは被写体や好みによって微調整できる。種類ごとに設定できるので調整してみよう。

i メニューの［ホワイトバランス］から任意の種類を選ぶ際❶、▼を押すと微調整のモードになる。マルチセレクターでポインターを移動し❷、好みの色になったらOKボタンで決定する。

なお「オート」と「蛍光灯」は▼を押すと詳細な種類を選べる❸。

CHAPTER 3 ■ 高度な必須設定

Section 03

ピクチャーコントロールで写真を楽しもう

KEYWORD ピクチャーコントロール

デジタルカメラには写真の仕上がり設定の機能がある。Z 8 の仕上がり設定はピクチャーコントロールという名称だ。あとで解説する Creative Picture Control(→ P.78) ほど大きく色調や画調は変化しないが、各テーマに合わせて写真を仕上げられる。

1 ピクチャーコントロールを設定する

ピクチャーコントロールを使えば、写真の仕上がりを設定できる。たとえば「ポートレート」に設定すれば肌を明るくふんわりとし、「ビビッド」にすれば色を強調した仕上がりになる。

初期設定では*i*メニューから設定を変更できる。設定を変更した場合は、メニューの静止画撮影メニューのピクチャーコントロールから設定できる。

*i*ボタンを押し、*i*メニューから［ピクチャーコントロール］を選択する❶。

任意のピクチャーコントロールを選び❷、OKボタンで決定する。

2 ピクチャーコントロールの種類を知る

ピクチャーコントロールには、人間の肌をより鮮明に表現できるリッチトーンポートレートをはじめ、カメラが自動で色調などを調整してくれる設定が12種類ある。

■ ピクチャーコントロールの種類

オート	「スタンダード」（静止画の場合）、「ニュートラル」（動画の場合）を元に、色合いや階調をカメラが自動で調整する。	
スタンダード	鮮やかでバランスの取れた標準的な画像になる。ほとんどの撮影シーンに向いている。	
ニュートラル	素材性を重視した自然な画像になるので、あとから加工する場合に向いている。	
ビビッド	メリハリのある色鮮やかな画像になる。原色を強調したいときに向いている。	
モノクローム	白黒やセピアなど単色の濃淡で表現した写真になる。	
フラットモノクローム	暖かく柔らかい印象の白黒写真になる。	
ディープトーンモノクローム	シャドー部から中間調までは暗めで、中間調からハイライト部は急激に明るい白黒写真になる。	
ポートレート	人物の肌が滑らかで自然な画像になる。	
リッチトーンポートレート	白とびを抑えながら豊かな階調で人物の肌を表現する。「ポートレート」よりもメリハリのある画像になる。	
風景	風景や街並みを色鮮やかに表現する。	
フラット	シャドー部からハイライト部まで幅広く情報を保持する。撮影した画像を調整、加工する場合に向いている。	

3

高度な必須設定

3 オールマイティなスタンダードを使う

スタンダードを使うと青空なども色鮮やかに表現できる。全体的にバランスのとれたイメージに仕上がるので、多くのシーンで使える。

カメラ設定

撮影モード 絞り優先オート　絞り値 f11　シャッタースピード 1/320秒　露出補正 0
ISO感度 100（ISO AUTO）　WB 晴天　使用レンズ NIKKOR Z 24-120mm f/4 S
焦点距離 135mm

4 ビビットで鮮やかに撮影する

オレンジや赤、黄色などの原色が強調されて鮮やかな色合いになるのが「ビビット」。桜の花びらなど、見た目の印象よりももう少し色を表現したいときなどに使用するとイメージ通りに仕上がる。

カメラ設定

撮影モード
絞り優先オート
絞り値 f5.6
シャッタースピード
1/640秒
露出補正 +0.3
ISO感度
100（ISO AUTO）
WB 晴天
使用レンズ NIKKOR Z
24-120mm f/4 S
焦点距離 120mm

5 リッチトーンポートレートで人物を撮影する

「リッチトーンポートレート」は白とびを抑えるので、人物の肌をより鮮明に表現できる。明るく柔らかなトーンに仕上がる「ポートレート」よりも、くっきりした印象の画像になる。

カメラ設定

撮影モード 絞り優先オート　絞り値 f2　シャッタースピード 1/80秒　露出補正 +1
ISO感度 100（ISO AUTO）　WB 自然光オート　使用レンズ NIKKOR Z 85mm f/1.2 S
焦点距離 85mm

6 ピクチャーコントロールを調整する

シーンに合わせたモードを使っていても、被写体によって微妙に仕上がりを変えたいときもあるだろう。そういった場合、ピクチャーコントロールの設定を変更することができる。また、「モノクローム」「フラットモノクローム」「ディープトーンモノクローム」はほかと調整できる項目が違い、「フィルター効果」や「調色」が設定できる。

*i*メニューでピクチャーコントロールを選択し、モードの選択画面で、▼を押す❶。

ピクチャーコントロールの微調整の画面が開くので、▲▼で調整したい項目を選択し❷、◀▶で値を調整する❸。

CHAPTER 3 ┃ 高度な必須設定

Section
04

Creative Picture Control を使おう

KEYWORD Creative Picture Control

Creative Picture Control とはピクチャーコントロールよりさらに独特な写真表現ができる機能だ。イメージに合わせてモーニングやポップなど20種類の設定があり、効果のかかり具合も調整して自分だけの作品作りができる。

1 Creative Picture Controlの特徴を知る

■Creative Picture Controlの種類

ドリーム	薄いオレンジ色の色調で、暗部を明るくして輪郭をソフトにする。
モーニング	暗部をやや明るくし、全体の色調が青傾向になりさわやかにする。
ポップ	もっとも再度が高い効果で、色が強調され、本来の色が際立つ。
サンデー	コントラストが高く、ハイライト部を飛ばして被写体の印象を強める。
ソンバー	彩度が高く、明度を控えめにしてしっとりとした画調になる。
ドラマ	暗めの画調だがハイライト部は明るく、光と影を強調した表現となる。
サイレンス	軟調な画調で、彩度を抑えた静かな印象になる。
ブリーチ	全体的に緑がかり、彩度は低くメタリック感のある渋みが出る。
メランコリック	全体的にマゼンダがかり、彩度と輪郭を弱めて柔らかい印象になる。
ピュア	全体的に柔らかく青みがかり、静かな印象になる。
デニム	彩度が高く、青をシアン方向に表現し、被写体の青色を際立たせる。
トイ	トイカメラで撮影したように、彩度が高めで青を藍色方向に表現する。
セピア	退色した古い写真のようなセピアの写真になる。
ブルー	全体がブルー系の静かな印象になる。
レッド	赤みの強いレトロ調で、レッドスケールフィルム風の写真になる。
ピンク	ピンクがかり、甘めの色合いでロマンティックな印象になる。
チャコール	輪郭を弱めた軟調のモノクローム写真になる。
グラファイト	コントラストと輪郭を強めた硬調なモノクローム写真になる。
バイナリー	ディテールが省略され白と黒だけの世界を個性的に演出する。
カーボン	黒を強調した画調で、重厚感のあるモノクローム写真になる。

2 Creative Picture Controlを設定する

Creative Picture Controlは *i* メニューの［ピクチャーコントロール］（→ P.74）と同じ項目から設定できる。

*i*ボタンを押して*i*メニューを開き、［ピクチャーコントロール］を選択する❶。

マルチセレクターで、01～20の中から任意のCreative Picture Controlを選択し❷、OKボタンで決定する。

3 Creative Picture Controlを調整する

Creative Picture Controlの詳細設定には「適用度」の項目があり、下げると効果のかかり具合も下がる。

任意のCreative Picture Controlを選択し❶、▼を押す。

▲▼で「適用度」を選択し❷、◀▶で値を調整できる❸。

適用度：0	適用度：100	適用度：60

Creative Picture Controlを「ソンバー」に設定し、白い花を撮影した。「適用度」が100%では、彩度も上がりしっとりとした色調になった。少し効果が強過ぎるように感じたので、「適用度」を60%まで下げて仕上げた。

4 効果の違いを知る

イメージに合わせてアーティスティックな写真に仕上げることができるのが Creative Picture Control だ。被写体との組み合わせによっては、想像していなかった新しい表現ができることもあるので、いろいろなシーンで試してみるとよいだろう。

■ 柔らかく暖かなイメージを表現する「ドリーム」

シャドウ部を明るくし、全体にオレンジ系の色味になるように調整してあるので、ふんわりとしたやさしい表現に向いている。

■ さわやかな空気感を描写する「モーニング」

朝のさわやかな空気の中で撮影したような雰囲気に。全体に青味がかった透明感のある色合いで、爽快感のある色調に。

■ 鮮やかに色を際立たせる「ポップ」

とくにカラフルな被写体を撮影するときに、クリアな色で彩度が際立ちメリハリとインパクトのある画像になる。

■ 明るく開放的な「サンデー」

コントラストが高く、ハイライト部分が大きく飛ばされる。明るく開放的な雰囲気に。

■ しっとりした印象の「ソンバー」

彩度が高く、明度が抑えられているので、全体的にアンダーでしっとりしたイメージになる。

■ 光と影をドラマチックに「ドラマ」

全体的に暗めだが、ハイライト部が明るめの印象に。光と陰をドラマチックに演出できる。

■ 静かで寂しげな「サイレンス」

彩度が抑えられていて、軟調になるので、静かで寂しげな印象になる。

■「ブリーチ」でメタリック感を演出する

彩度が低く、薄く緑がかるので、金属製のものを撮影すると渋みが増してクラシカルな印象を強められる。

■「メランコリック」でアンニュイな雰囲気のある写真を

全体にマゼンダがかかって、レトロ感のある表現になる。また彩度を落とし、輪郭も弱めているので柔らかな印象になる。

■全体に青みがかった「ピュア」

ハイライト部やシャドウ部から青みがかった画調で、全体的に柔らかい印象になる。

■「デニム」で青色を際立たせる

「デニム」は青色を際立たせることができる。曇りでフラットな光の日の街をクールに写すことができる。

■「トイ」でレトロ感を演出する

彩度が高く、深みのある色合いで、トイカメラで撮影したような写真になる。カラフルな被写体などレトロなものによく合う。

■古い写真のような「セピア」

モノクロの画像にセピア色を着色した印象で古い写真を演出できる。

■画面全体を静かに「ブルー」

画面全体がブルーになる。空や海の色はとくに青みが強くなるが、全体に静かな印象に。

■レトロを演出する「レッド」

画面全体に赤みがかるため、レトロな港町のような印象になる。

■ロマンチックないメージに「ピンク」

画面全体がピンクがかったイメージになるため、ロマンチックな港町に。

■柔らかいモノクローム「チャコール」

輪郭が弱まっているため、昔のイメージの柔らかい印象のモノクロームになる。

■黒が強調される「グラファイト」

コントラストと輪郭が強まっているため、黒が強調された港町に。

■「バイナリー」で高コントラストに仕上げる

コントラストを極端に高めた荒々しい印象の写真になる。

■メリハリのある「カーボン」

黒が強調されるので、メリハリのある港町の印象に。

■元画像

5 カラーフィルターとして利用する

Creative Picture Control の「セピア」「ブルー」「レッド」「ピンク」はカラーフィルターのように使うことができる。ただ単純に色が変わるだけでなく、色の印象に合わせて階調や彩度が調整されている。写真のイメージに合わせて色の強弱を変えられる（→ P.79）。

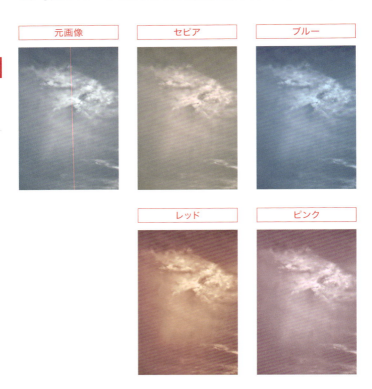

CHAPTER 4

交換レンズと
アクセサリー

Section 01	Zマウントレンズを知ろう
Section 02	NIKKOR Z 24-120mm f/4 S
Section 03	NIKKOR Z 14-24mm f/2.8 S
Section 04	NIKKOR Z 100-400mm f/4.5-5.6 VR S
Section 05	NIKKOR Z MC 105mm f/2.8 VR S NIKKOR Z 85mm f/1.2 S
Section 06	Z TELECONVERTER TC-1.4x／TC-2.0x
Section 07	マウントアダプター FTZ II

CHAPTER 4 ┃ 交換レンズとアクセサリー

Section 01 Zマウントレンズを知ろう

KEYWORD レンズの構成、レンズの読み方

Z 8をはじめとしたミラーレスカメラは、レンズ交換によって、さまざまな表現が可能になっている。ここではまずレンズの構成やスペックの読み方を覚えよう。また、レンズを変えることの効果や違いも把握しておきたい。

1 レンズの構成を知る

Zマウントレンズは主にフォーカスリング、ズームリング、コントロールリングの3つで構成されている。レンズ操作の際はこの3つに注目して行う。ここでは標準ズームレンズの「NIKKOR Z 24-120mm f/4 S」を例に解説する。

■ 名称と機能

❶フォーカスリング	ピントの調整ができる。
❷ズームリング	焦点距離を変更するリング。画角を調節する。
❸L-Fnボタン	カメラ側でさまざまな機能を割り当てられる。
❹コントロールリング	絞りやISO感度、露出補正などの機能を割り当てられる。
❺フォーカスモード切り換えスイッチ	フォーカスモード(AF／MF)の切り換えができる。

2 レンズ名の読み方を理解する

レンズに割り振られている名前から、どれくらいの広さを写せるのか、どのくらいの絞り値に設定できるかなどの性能を知ることができる。レンズ名の読み方を覚えて、自分が持っているレンズが、どの程度のスペックがあるのかを把握しよう。

なお、ニコンには、Zシリーズ登場前に長く使用されてきたFマウントレンズが数多くラインナップされている。AFシステムの違いによってAF-S、AF-P、AF-Iなどがあるが、スペックの読み方は基本的に同じだ。

■ 表示項目と内容

❶ Z	Zマウントに対応したレンズであることを示している。
❷ 24-120mm	焦点距離が24mmから120mmの間で調整できることを示している。
❸ 1:4	レンズの焦点距離を変更しても、レンズの開放絞り値は4であることを示している。
❹ S	S-Line（ニコンのレンズの中で、より高度な光学性能を持つ製品群）のレンズであることを示している。
❺ φ77	フィルター径が77mmであることを示している。

CHAPTER 4 ｜ 交換レンズとアクセサリー

Section 02 NIKKOR Z 24-120mm f/4 S

KEYWORD 標準ズームレンズ

広角24mmから中望遠120mmまでをカバーして、ズーム全域で開放絞り値4.0の標準ズームレンズ。開放絞りから高い解像力とゴーストやフレアを抑えたクリアな画像が得られる。またコントロールリングやL－Ｆｎボタンに機能を割り当てることで優れた操作系を実現している。幅広いズーム域と軽量ボディーでオールラウンドで活躍できるレンズだ。

1 NIKKOR Z 24-120mm f/4 S

旅行先で移動中に雲の切れ間から現れた光芒が美しかったので、とっさに撮影した一枚。開放絞りからS-Lineレンズならではシャープで高い解像力を備え、5倍のズーム倍率でありながら軽量なボディーは、持ち運びに便利で操作性もよく、素早く撮影ができる。

カメラ設定

撮影モード マニュアル
絞り値 f5.6
シャッタースピード 1/500秒
露出補正 −0.3
ISO感度 125（ISO AUTO）
WB 晴天
使用レンズ NIKKOR Z 24-120mm f/4 S
焦点距離 57mm

2 最短撮影距離まで寄ってボケ味を生かす

最短撮影距離が 0.35m と短いので、席に着席しながら料理を撮影することができる。マルチフォーカス方式を採用した優れた光学系により、諸収差を効果的に補正した近距離性能と滑らかなボケ描写で、食材のシズル感や立体感が表現できた。

カメラ設定
撮影モード マニュアル
絞り値 f5.6
シャッタースピード 1/15秒
露出補正 +1
ISO感度 640（ISO AUTO）
WB オート0
使用レンズ NIKKOR Z 24-120mm f/4 S
焦点距離 120mm

3 開放絞りで被写体を浮き立たせる

室内の廊下に掛けられた行燈を撮影。大口径レンズなみにボケるわけではないが、ちょうど廊下の様子がわかるボケ感で、雰囲気のよい写真が撮影できた。開放絞り値 4.0 でも、さらに望遠にすることでボケ効果のある写真を撮影することもできる。

カメラ設定
撮影モード 絞り優先オート
絞り値 f4.0
シャッタースピード 1/50秒
露出補正 +0.3
ISO感度 100 (ISO AUTO)
WB 晴天
使用レンズ NIKKOR Z 24-120mm f/4 S
焦点距離 39mm

CHAPTER 4 ■ 交換レンズとアクセサリー

Section 03

NIKKOR Z 14-24mm f/2.8 S

KEYWORD 広角ズームレンズ

広角14mmからのズーム全域で開放絞り値2.8、約650gの軽量ボディを実現した大口径広角ズームレンズ。至近から無限遠まで軸上色収差を効果的に補正し、画像周辺でも色にじみや歪みが少なく、シャープで高画質な描写を実現。高い防塵／防滴性能があり、コントロールリングやL-Fnボタン、撮影情報が確認できるレンズ情報パネルを備えている。

1 強い光の逆光に輝く橋を撮影する

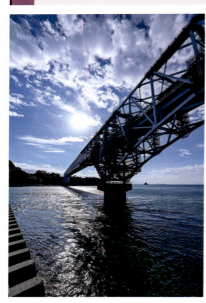

画面内に太陽が入るシーンでも、ナノクリスタルコートと直入射光に効果のあるアルネオコートの2つのコーティングにより、ゴーストやフレアを効果的に低減し、抜けのよいクリアな写真が撮影できる。

カメラ設定

撮影モード 絞り優先オート
絞り値 f8.0
シャッタースピード 1/1250秒
露出補正 −0.3
ISO感度 100（ISO AUTO）
WB 晴天
使用レンズ NIKKOR Z 14-24mm f/2.8 S
焦点距離 14mm

2 昔の街並みを広角でダイナミックに撮影する

広角域は狭い空間を広く写すだけでなく、パースペクティブを生かしたダイナミックな表現が楽しめる。手前にアクセントになる被写体、ここでは赤いポストを入れることで、建物と路地の遠近感を強調した。

カメラ設定
撮影モード
絞り優先オート
絞り値 f8.0
シャッタースピード
1/400秒
露出補正 −0.7
ISO感度
100 (ISO AUTO)
WB 晴天
使用レンズ
NIKKOR Z
14-24mm f/2.8 S
焦点距離 14mm

3 ビルの展望室から手持ちで夜景撮影

焦点距離や撮影距離を問わず、開放絞りから高解像で、サジタルコマフレアも抑制された写真が撮影できる。絞り値が明るいことで、より低いISO感度でノイズの少ない高画質な画像を得ることができる。

カメラ設定
撮影モード
絞り優先オート
絞り値 f2.8
シャッタースピード
1/4秒
露出補正 +0.3
ISO感度
640 (ISO AUTO)
WB 自然光オート
使用レンズ
NIKKOR Z
14-24mm f/2.8 S
焦点距離 16mm

CHAPTER 4 ■ 交換レンズとアクセサリー

Section 04

NIKKOR Z 100-400mm f/4.5-5.6 VR S

KEYWORD 望遠ズームレンズ

焦点距離100mmから400mmの広い範囲をカバーし、高い手ブレ補正効果を発揮するＶＲ機構を内蔵した望遠ズームレンズ。Ｓ－Ｌｉｎｅならではの、色にじみを抑えた非常にクリアでシャープな画像が得られる。遠く離れた被写体だけでなく、昆虫や花のクローズアップ撮影にも活躍できる。また、望遠撮影でも優れたＶＲ機構により遅いシャッターでも安心して撮影できる。

1 望遠でウミネコが飛び立った瞬間を撮影

漁村の港で石灯籠にとまっていたウミネコに、近付きながらシャッターチャンスを狙って撮影。「重心移動レス機構」でズーミングによる重心移動が抑えられ、歩きながらでもバランスよく安定した撮影ができる。

カメラ設定

撮影モード 絞り優先オート　絞り値 f5.6　シャッタースピード 1/800秒
露出補正 0　ISO感度 72（ISO AUTO）　WB 自然光オート
使用レンズ NIKKOR Z 100-400mm f/4.5-5.6 VR S　焦点距離 400mm

2 低速シャッターで飛行機を流し撮り

夕日を浴びた旅客機をスローシャッターでスピード感を表現。ボディー内の5軸手ブレ補正と、レンズ内の2軸手ブレ補正を連動させるシンクロVR機能によりブレ補正効果がさらに高くなり、より遅いシャッタースピードでの流し撮りも容易に行える。

カメラ設定
撮影モード
シャッター優先オート
絞り値 f5.3
シャッタースピード
1/8秒
露出補正 0
ISO感度
125 (ISO AUTO)
WB 晴天
使用レンズ NIKKOR Z
100-400mm
f/4.5-5.6 VR S
焦点距離 300mm
※ND16フィルター使用

3 小さな被写体を近接撮影で捉える

コスモスの花から蜜を吸う蝶をクローズアップ撮影。広角端で0.75m／望遠端で0.98mと近接撮影が可能で、花や昆虫などを高画質な写真が楽しめる。また、ズームリング回転角が80度と小さく、素早くズーム操作が行えてシャッターチャンスを逃さずに撮影できる。

カメラ設定
撮影モード
シャッター優先オート
絞り値 f5.6
シャッタースピード
1/2000秒
露出補正 +0.3
ISO感度
500 (ISO AUTO)
WB 晴天
使用レンズ NIKKOR Z
100-400mm
f/4.5-5.6 VR S
焦点距離 320mm

CHAPTER 4 ▎ 交換レンズとアクセサリー

Section
05
NIKKOR Z MC 105mm f/2.8 VR S
NIKKOR Z 85mm f/1.2 S

KEYWORD マクロレンズ、単焦点レンズ

NIKKOR Z MC 105mm f/2.8 VR S は、美しいボケ描写に高い解像力とコントラストで鮮明な画像が得られる単焦点のマクロレンズ。開放絞り値 2.8 で VR 機構を搭載して、マクロ撮影だけでなくポートレートや景色など幅広いシーンで活躍できる。また NIKKOR Z 85mm f/1.2 S は、圧倒的な解像力と大きく柔らかなボケ味が特徴。逆光によるゴーストやフレアにも強くクリアな画像が得られる単焦点レンズだ。人物撮影においてドラマチックで立体感のある表現ができる。

1 NIKKOR Z MC 105mm f/2.8 VR S

レンズの最短撮影距離は 0.29m で、被写体に寄って等倍率の撮影が可能。近接撮影で出やすい色にじみや縁に色付きがなく、柔らかく滑らかなボケ描写で、肉眼では見ることのできない世界を写し出す。近接撮影もマルチフォーカス方式で素早いピント合わせが可能で、光学式 VR 機構と合わせて手持ちで手軽にマクロ撮影が楽しめる。

カメラ設定
撮影モード 絞り優先オート
絞り値 f3.8
シャッタースピード
1/800秒
露出補正 +0.3
ISO感度 100 (ISO AUTO)
WB 晴天
使用レンズ NIKKOR Z MC 105mm f/2.8 VR S
焦点距離 105mm

2 昆虫撮影に最適なマクロレンズ

葉に止まったオジロシジミを近距離で撮影。中望遠レンズはワーキングディスタンスを取りながらクローズアップ撮影ができるので昆虫撮影に最適だ。高速、高精度なＡＦで正確なピント合わせ、シャープな解像感で体や羽根の細部まで再現された。

カメラ設定
撮影モード
シャッター優先オート
絞り値 f6.3
シャッタースピード
1/2000秒
露出補正 +0.3
ISO感度 640 (ISO AUTO)
WB 晴天
使用レンズ NIKKOR Z MC 105mm f/2.8 VR S
焦点距離 105mm

3 NIKKOR Z 85mm f/1.2 S

開放絞り値1.2が生み出すボケ味は柔らかく滑らかなグラデーションで、ピント面は高い解像感で人の肌や髪の質感を再現して、人物を立体的に表現してくれる。絞り羽根が11枚と多く、きれいな玉ボケで印象的なポートレート写真が撮影できる。

カメラ設定
撮影モード 絞り優先オート　絞り値 f1.2
シャッタースピード 1/640秒
露出補正 +1
ISO感度 100（ISO AUTO）
WB 自然光オート
使用レンズ NIKKOR Z 85mm f/1.2 S
焦点距離 85mm

CHAPTER 4 ｜ 交換レンズとアクセサリー

Section 06

Z TELECONVERTER TC-1.4x／TC-2.0x

KEYWORD テレコンバーター

Ｚ８カメラと一部の NIKKOR Ｚレンズの間に装着して、主レンズの焦点距離を拡大できるテレコンバーター。レンズを買い換えずに、遠くの被写体をより大きく撮影したい場合、被写体との距離をほぼ変えずに撮影倍率を上げられるので、より被写体をクローズアップすることができる。

1 Z TELECONVERTER TC-1.4x／TC-2.0x を知る

TC-1.4x は主レンズの焦点距離を 1.4 倍にした撮影が可能で、レンズの開放絞り値が 1 段分暗くなる。TC-2.0x は焦点距離が 2 倍になり、開放絞り値は 2 段分暗くなる。テレコンバーター使用時に気になりやすい各種収差の発生を最小限に抑えて、主レンズの高い光学性能を損なわない光学設計になっている。また、AF 精度や AF 速度の低下は少なく、カメラのセンサーシフト式 VR やレンズの手ブレ補正（VR）機構も有効だ。

写真はTC-2.0x。これを使用すれば月などの撮影も超望遠で撮影ができる。

2 近付けないシーンで焦点距離を拡大して撮影する

野鳥に近付き過ぎると逃げてしまうので、TC-1.4xを使い、焦点距離を560mmに拡大して飛び立つ瞬間を捉えた。AF精度や速度の低下が少なく、被写体検出［鳥］を使って正確なピント合わせができる。

カメラ設定

撮影モード
シャッター優先オート
絞り値 f8.0
シャッタースピード
1/2000秒
露出補正 +0.3
ISO感度
5600 (ISO AUTO)
WB 晴天
使用レンズ NIKKOR Z 100-400mm
f/4.5-5.6 VR S + Z TELECONVERTER TC-1.4x
焦点距離 560mm

3 800mmの超望遠で月のクレーターを撮影する

夜空に浮かぶ月を、TC-2.0xを使い800mmの焦点距離にして撮影。クレーターや凹凸をクッキリ写すことができた。カメラとレンズのシンクロＶＲ機能のおかげで、シャッタースピードが1/30秒でも手持ち撮影が可能だ。

カメラ設定

撮影モード マニュアル
絞り値 f11
シャッタースピード
1/30秒
露出補正 0
ISO感度 200
WB
自然光オート/晴天
使用レンズ NIKKOR Z 100-400mm
f/4.5-5.6 VR S + Z TELECONVERTER TC-2.0x
焦点距離 800mm

CHAPTER 4 ■ 交換レンズとアクセサリー

Section 07

マウントアダプター FTZ II

KEYWORD Fマウントレンズ、マウントアダプター

Z 8カメラに、ニコンのFマウント規格のレンズを装着するためのアダプター。Zマウント規格のレンズも多くの焦点距離で発売されているが、所有しているFマウントレンズで撮影を楽しみたい方に便利なアクセサリーだ。凸部が少なく、縦位置撮影や動画撮影時にしっかりグリップができ、三脚使用時にも快適な撮影ができる。

1 マウントアダプター FTZ IIを知る

マウントアダプター FTZ IIは、AI NIKKOR 以降の約360種のNIKKOR Fマウントレンズで AE 撮影に対応している。さらにそのうち、モーター内蔵のAF-P、AF-S、AF-Iレンズ計90種以上で、ニコンデジタル一眼レフカメラと同等の AF ／ AE 撮影ができる。ボディー内 VR の手ブレ補正は、レンズによって画像周辺部に減光、ケラレが生じることもあるが、ほとんどのレンズで使用できる。

マウントアダプター FTZ IIがあれば、今まで使用していたカメラに装着していたFマウントレンズもZ 8に使用することができる。

2 AF-S NIKKOR 28mm f/1.4E ED

焦点距離28mmは、空間の自然な広がりを撮影できるので、風景やスナップ写真に最適だ。また、開放絞り値1.4と明るく自然なボケ味で、手持ち夜景やポートレート写真など幅広いジャンルで、写真表現が楽しめるレンズだ。

カメラ設定
撮影モード
マニュアル
絞り値 f1.4
シャッタースピード
1/8秒
露出補正 +0.3
ISO感度
250(ISO AUTO)
WB 自然光オート
使用レンズ
AF-S NIKKOR
28mm f/1.4E ED
焦点距離 28mm

広角の遠近感を生かして街の景色を撮影。開放絞りで奥の建物にピントを合わせて、手前の柵や路面をボカすことで立体感を出した。広角特有のディストーションもなく、画面周辺部まで高い解像力でシャープに描写している。

カメラ設定
撮影モード
絞り優先オート
絞り値 f1.4
シャッタースピード
1/8秒
露出補正 +0.3
ISO感度
450(ISO AUTO)
WB 自然光オート
使用レンズ
AF-S NIKKOR
28mm f/1.4E ED
焦点距離 28mm

公園通りのオープンテラスをスナップ撮影。開放絞りで撮影したときに、点光源に発生しやすいサジタルコマフレアを、高い光学性能で効果的に抑えている。夜景や逆光のポートレート写真で威力を発揮するレンズだ。

3 AF-S NIKKOR 105mm f/1.4E ED

焦点距離 105mm で開放絞り値 1.4 の大口径中望遠レンズ。滑らかな美しいボケ味で被写体と奥行き感をより自然に表現してくれる。また、開放絞りからシャープに描写する高い解像力で、風景など遠景の撮影にも活躍するレンズだ。

カメラ設定

撮影モード
絞り優先オート
絞り値 f1.4
シャッタースピード
1/500秒
露出補正 +1
ISO感度
100 (ISO AUTO)
WB 自然光オート
使用レンズ AF-S NIKKOR 105mm f/1.4E ED
焦点距離 105mm

開放絞りでの浅い被写界深度を生かして、並木道で全身のポートレートを撮影。なだらかに変化するボケ味が自然な奥行き感を写し、自然な雰囲気で人物を周囲から引き立たせた印象的な写真が撮影できた。

カメラ設定

撮影モード 絞り優先オート　絞り値 f1.4
シャッタースピード 1/800秒
露出補正 +1
ISO感度 100 (ISO AUTO)　WB 晴天
使用レンズ AF-S NIKKOR 105mm f/1.4E ED
焦点距離 105mm

公園の電話ボックスを開放絞りで撮影。ピント面は高い解像力でシャープに描写し、散ってきた葉が柔らかい前ボケになりアクセントになった。さらに、絞りを1段から2段絞り込むと極めて鮮鋭感の高い描写が得られるので、遠景の風景撮影にも活躍するレンズだ。

CHAPTER 5

被写体＆シーン別撮影テクニック

Section 01 ▐ フォーカスロックやガイドラインで構図を変更しよう

Section 02 ▐ 被写体検出設定で人物の瞳を確実に捉えよう

Section 03 ▐ ピクセルシフトで細かい装飾がある建築物や細密な風景を撮影しよう

Section 04 ▐ マニュアルフォーカス＆フォーカスピーキングで花を美しく撮影しよう

Section 05 ▐ 被写体検出設定を使って飛行機や鳥、電車を撮影しよう

Section 06 ▐ 高感度＆VRを使って手持ちで暗所撮影しよう

Section 07 ▐ リッチトーンポートレートや美肌効果、人物印象調整で人物を美しく撮影しよう

Section 08 ▐ 高速連写とハイスピードフレームキャプチャー＋でスポーツを撮影しよう

Section 09 ▐ 縦横4軸チルト式画像モニターを使ってペットを撮影しよう

Section 10 ▐ HEIF形式で滑らかなグラデーションを再現しよう

Section 11 ▐ タイムラプスで星空を撮影しよう

Section 12 ▐ 動画撮影を楽しもう

CHAPTER 5 ■ 被写体&シーン別撮影テクニック

Section 01 フォーカスロックやガイドラインで構図を変更しよう

KEYWORD 構図、フォーカスロック、ガイドライン、水準器

構図を作る上で大切なのは、被写体をどこに配置して、画面をどう構成するかを考えること。写真を撮影する上で、構図は作品の見栄えや観る人の印象に大きく影響する大事な作業の1つになる。構図の決定は撮影者自身が決める作業だが、それをアシストをしてくれる便利なのがフォーカスロックやガイドライン、水準器といった機能だ。撮影スタンスや目的に合わせて使い分けてみよう。

フォーカスロックで構図を作る

フォーカスロックとは、シャッターボタンを半押しした状態をキープしてピントを固定する機能。被写体にピントを合わせてから構図をずらしてシャッターを切れば、被写体にピントを合わせたまま構図を変えられる。ここでは、人通りがいなくなった瞬間を狙った。素早く撮影するときに便利な方法だ。

カメラ設定

撮影モード 絞り優先オート
絞り値 f5.6
シャッタースピード 1/200秒
露出補正 +0.3
ISO感度 100（ISO AUTO）
WB 自然光オート
使用レンズ NIKKOR Z 24-120mm f/4 S
焦点距離 120mm

ガイドラインを使って安定した構図を作る

ガイドラインの種類にある「3×3」「4×4」を使い、被写体を交点に配置して安定した構図作りがかんたんにできる。分割線に水平線や地平線を合わせたり、空間を作るときの目安にすると見栄えのよい写真が撮影できる。また、手持ち撮影時に、簡易的に水平垂直になっているかの目安にも使える。

カメラ設定
撮影モード
絞り優先オート
絞り値 f8.0
シャッタースピード
1/800秒
露出補正 −0.7
ISO感度
100（ISO AUTO）
WB 晴天
使用レンズ NIKKOR Z
24-120mm f/4 S
焦点距離 24mm

水準器を表示して水平を取る

水平線や地平線が傾いていると違和感のある写真になる。とくに三脚を使った撮影の際、正確な水平確認に便利だ。カスタムメニューの［撮影画面カスタマイズ］で、画面モニターとファインダーそれぞれに「水準器」の有無を設定しておくとよい。必要なときにDISPボタンで呼び出して使える。

カメラ設定
撮影モード マニュアル
絞り値 f4.0
シャッタースピード
1/500秒
露出補正 −0.3
ISO感度
64（ISO AUTO）
WB 晴天
使用レンズ NIKKOR Z
24-120mm f/4 S
焦点距離 61mm

CHAPTER 5 ┃ 被写体&シーン別撮影テクニック

Section 02

被写体検出設定で 人物の瞳を確実に捉えよう

KEYWORD 被写体検出設定、AFエリアモード

人物写真で大事なことは、瞳にピントが合っていること。ことわざで「目は口ほどに物を言う」というのがあるように、ピントが合い表情のある瞳の写真は、観る人へ印象を強く与える。開放絞り値の明るいレンズは被写界深度が狭くピント合わせが難しいが、被写体検出設定「人物」を使えば、素早く正確なピント合わせが可能だ。ピントの合う確率は100%ではないが、フォーカスモードやAFエリアモードを使い分けることで、ほぼAFでピント合わせが可能となる。

画面内で小さな被写体を確実に捉える

手前に噴水があり人物が小さいというシーンで、AFエリアは「オートエリアAF」を使い、瞳にピントを合わせた。もし、迷うときは、AFエリアを「ワイドエリアAF（S）」にして、人物のところにAFエリアを持っていくと瞳にピントを合わせてくれる。また、フォーカスモードを「AF-C」、[AF-Cモード時の優先]を「フォーカス」にすると人物が動いたりしても正確なピント合わせができる。

カメラ設定

撮影モード
絞り優先オート
絞り値 f1.4
シャッタースピード
1/1250秒
露出補正 +0.3
ISO感度
100（ISO AUTO）
WB 自然光オート
使用レンズ NIKKOR Z 85mm f/1.2 S
焦点距離 85mm

逆光で被写体を確実に捉える

夕暮れの太陽が人物の後ろから当たる逆光での全身写真。逆光時や被写体の明暗差が激しいときは、顔の位置にAFエリアを持っていくとよい。構図的に顔の位置は決まってくるので、AFエリアモードの「ワイドエリアAF（C1）／（C2）」を使って、それぞれに、縦位置用「9×11」／横位置用に「19×7」といった感じで登録すると、素早く正確なピント合わせができる。

カメラ設定

撮影モード 絞り優先オート　絞り値 f1.2　シャッタースピード 1/500秒　露出補正 0
ISO感度 100（ISO AUTO）　WB 自然光オート　使用レンズ NIKKOR Z 85mm f/1.2 S
焦点距離 85mm

暗所で被写体を確実に捉える

夜の街中で撮影した一枚。カスタムメニューのマルチパターン測光の顔検出を「ON」にすると、顔にピントが合うと、顔で露出も自動的に調整してくれる。暗い場所では、シャッタースピードが遅くなりやすく被写体ブレが起きるので、シャッタースピードは1／60秒以下にならないように露出設定をしよう。

カメラ設定

撮影モード 絞り優先オート
絞り値 f1.4
シャッタースピード 1/80秒
露出補正 0
ISO感度 1600
（ISO AUTO）
WB 自然光オート
使用レンズ NIKKOR Z
85mm f/1.2 S
焦点距離 85mm

CHAPTER 5 ｜ 被写体&シーン別撮影テクニック

Section 03

ピクセルシフトで細かい装飾がある建築物や細密な風景を撮影しよう

KEYWORD ピクセルシフト

ピクセルシフト撮影（→P.163）は、カメラのイメージセンサーの位置をシフトさせながら複数枚のＲＡＷ画像を撮影し、NX Studioで合成すると高精細な画像を得られる機能。遠景の街風景、細かな装飾のある建築物など細かい描写の撮影に向いている。また、ノイズ軽減の効果もあるので、夜景の撮影にも威力を発揮する。撮影にはカメラがブレないように三脚が必要で、動いている被写体はブレて合成されるので注意しよう。

細密な描写を再現するピクセルシフト

石畳と赤レンガ倉庫を16コマで撮影／合成すると、石の模様や建物の細部まで驚くほどの解像感になった。ピクセルシフト撮影は、画素数を増やすだけでなく、モアレや偽色の低減、細部の色再現性が向上した画像が得られる。撮影コマ数は4、8コマが1枚撮りと同じ画素数で、16、32コマが約1億8000万画素になる。撮影用途に応じてコマ数を選択しよう。

カメラ設定
撮影モード
絞り優先オート
絞り値 f11
シャッタースピード
1/125秒
露出補正 0
ISO感度
100（ISO AUTO）
WB 晴天
使用レンズ NIKKOR Z 24-120mm f/4 S
焦点距離 24mm

遠景の街風景を高精細に撮影する

陽が明るく、撮影 ISO 感度が 100 だったので、16 コマの高画素数になる設定で撮影。拡大して見ると、モアレや偽色が出やすい窓枠や建物のエッジ部分は、モアレや偽色がなくシャープに再現された。

カメラ設定
撮影モード
絞り優先オート
絞り値 f8.0
シャッタースピード
1/30秒
露出補正 0
ISO感度 100
(ISO AUTO)
WB 晴天
使用レンズ NIKKOR Z
14-24mm f/2.8 S
焦点距離 24mm

街夜景をノイズを軽減して高精細に撮影する

作例は 32 コマのピクセルシフト撮影で、ISO2000 の高感度撮影だが、ノイズが軽減されて色再現も高く、高解像度の写真が撮影できた。走る車や動く光の残像が、おもしろい描写に合成されて、夜景写真のアクセントになった。

カメラ設定
撮影モード
マニュアル
絞り値 f5.6
シャッタースピード
1/4秒
露出補正 +0.7
ISO感度 2000
(ISO AUTO)
WB 自然光オート
使用レンズ NIKKOR Z
14-24mm f/2.8 S
焦点距離 24mm

CHAPTER 5 ▎被写体&シーン別撮影テクニック

Section 04

マニュアルフォーカス&フォーカスピーキングで花を美しく撮影しよう

KEYWORD ピンポイントAF、マニュアルフォーカス、フォーカスピーキング

オートフォーカスで小さい部分にピントを合わせる場合、フォーカスエリアをシングルAFより小さいピンポイントAFを使おう。それでもピントが合いづらいときやコントラストの弱い被写体、被写界深度を意識する撮影のときは、マニュアルフォーカスが便利だ。また、[AF設定時のフォーカスリング操作]を「ON」に設定しておけば、AFで大まかな部分にピントを合わせた状態で、フォーカスリングを回してピント調整することができる。

ピンポイントAFで花芯にピントを合わせる

チトニアの花をクローズアップ撮影。しべが密集していてシングルAFでは、ピントを合わせづらいので、ピンポイントAFを使った。ピンポイントAFはフォーカスモードがAF-Sのときのみ使用可能だ。自分が前後にブレないようにし、ピント合わせからシャッターを押すまでを素早く行おう。

カメラ設定
撮影モード
絞り優先オート
絞り値 f8.0
シャッタースピード
1/60秒
露出補正 +0.3
ISO感度
160（ISO AUTO）
WB 晴天
使用レンズ NIKKOR Z MC 105mm f/2.8 VR S
焦点距離 105mm

マニュアルフォーカスで前ボケを生かす

前ボケを作るときは、作例のように手前にボケとなる花を入れて、奥のつぼみにピントを合わせる。もしくは、レンズのピントが合わない近距離に被写体を入れてボカす方法がある。レンズ前に被写体があると、AFではピントが迷うことがあるので、マニュアルフォーカスを使うとよい。

カメラ設定

撮影モード 絞り優先オート
絞り値 f4.0
シャッタースピード1/800秒　露出補正 +0.3
ISO感度 100（ISO AUTO）　WB 晴天
使用レンズ NIKKOR Z MC 105mm f/2.8 VR S
焦点距離 105mm

フォーカスピーキングでピントを確認する

マニュアルフォーカスで、花びらの先のような小さなものにピントが合っているかを確認したいときは、フォーカスキーピング（→ P.51）を使うと便利だ。作例の場合は、つぼみの中央の部分にピントを合わせた。フォーカスキーピングの表示色も選択できるので、被写体と反対色にするのもおすすめだ。

カメラ設定

撮影モード
絞り優先オート
絞り値 f3.5
シャッタースピード
1/2500秒
露出補正 +0.3
ISO感度
100（ISO AUTO）
WB 晴天
使用レンズ NIKKOR Z MC 105mm f/2.8 VR S
焦点距離 105mm

Section 05 被写体検出設定を使って飛行機や鳥、電車を撮影しよう

KEYWORD AF時の被写体検出設定

AF時の被写体検出設定はオートフォーカス使用時に、優先してピントを合わせる被写体が選べる。今まで「乗り物」でひとくくりになっていた飛行機が、専用の「飛行機」モードとして加わった。機体の大きさにより全体、機首部分、コクピットの3種類で検出し、さまざまな撮影状況において俊敏な検出と追尾性能で撮影ができる。

AF時の被写体検出設定

スモークを吐きながらの編隊飛行の様子を、「飛行機」モードを使って撮影。小さな機体を全体でしっかりとキャッチ、追従しながら連続撮影ができた。ここではAFエリアモードでオートエリアAFを使ったが、被写体の大きさや動く範囲によって、フォーカスポイントの種類を使い分けて、素早く正確なピント合わせを行おう。

カメラ設定

撮影モード シャッター優先オート　絞り値 f5.6　シャッタースピード 1/1000秒
露出補正 −0.7　ISO感度 140（ISO AUTO）　WB 自然光オート／晴天
使用レンズ NIKKOR Z 100-400mm f/4.5-5.6 VR S　焦点距離 400mm

被写体検出「鳥」で顔／瞳にピントを合わせる

風に乗って優雅に舞うトンビを撮影。獲物を狙うかのように、顔をキョロキョロしている様子を、鳥の顔を検出して瞳にピントを合わせながら追尾撮影できる。被写体が小さくて顔が検出できないときは、鳥の全身を検出してフォーカスポイントが表示される。

カメラ設定
撮影モード
シャッター優先オート
絞り値 f5.6
シャッタースピード
1/1000秒
露出補正 +0.3
ISO感度 200
(ISO AUTO)
WB 自然光オート／晴天
使用レンズ NIKKOR Z
100-400mm
f/4.5-5.6 VR S
焦点距離 400mm

乗り物検出で列車を撮影する

駅に入線してくる列車を望遠レンズで撮影。被写体検出の「乗り物」は、車、バイク、列車、飛行機、自転車を自動で判別し、被写体を検出するとフォーカスポイントが表示される。列車のときは車体前面のみの検出になる。

カメラ設定
撮影モード
シャッター優先オート
絞り値 f4
シャッタースピード
1/500秒
露出補正 0
ISO感度 250
(ISO AUTO)
WB 自然光オート／晴天
使用レンズ NIKKOR Z
100-400mm
f/4.5-5.6 VR S
焦点距離 400mm

CHAPTER 5 ｜ 被写体&シーン別撮影テクニック

Section 06

高感度&VRを使って手持ちで暗所撮影しよう

KEYWORD　ISO感度、手ブレ補正、高速シャッター、夜景スナップ

Z 8は、5軸補正のボディー内センサーシフト方式VRを搭載し、最大6段分の手ブレ補正効果を発揮する。これにより、夕景や夜景シーンで手持ち撮影が可能となる。さらに、レンズシフト方式VRを搭載したレンズを使ったときは、ボディー内VRと連動した「シンクロVR」で、より高い手ブレ補正効果を発揮する。優れた高感度性能は、常用ISO感度が25600まで、増感域で最大102400相当の設定ができる。

手ブレ補正でブレずに撮影する

夕焼けの空のグラデーションを滑らかに、空港ターミナルを鮮明に写すため、ISO感度を抑えて低速シャッターで撮影。シンクロVRのおかげで、1/2秒での手持ち撮影ができた。

カメラ設定

撮影モード シャッター優先オート　絞り値 f4.8　シャッタースピード 1/2秒　露出補正 +1
ISO感度 100（ISO AUTO）　WB 晴天　使用レンズ NIKKOR Z 100-400mm f/4.5-5.6 VR S
焦点距離 135mm

高感度性能を生かして高速シャッターを使う

夕暮れの時間帯に高速シャッターで撮影したいときは、ISO感度を上げよう。すべての感度域で適切にノイズを軽減し、シャープでざらつきを抑えた描写に写る。高感度でノイズが気になるときは、高感度ノイズ低減を強めに設定するとよい。

カメラ設定

撮影モード 絞り優先オート
絞り値 f5.6
シャッタースピード 1/500秒
露出補正 +0.3
ISO感度 25600（ISO AUTO）
WB 晴天
使用レンズ NIKKOR Z 100-400mm f/4.5-5.6 VR S
焦点距離 400mm

低速シャッターで手持ち夜景スナップ

雲が幻想的な夜景を広角でローアングル撮影。手持ちでブレずに撮影ができると、通行人をブラして躍動感あふれる写真が手軽に撮影できる。また、ISO AUTO撮影のときに、ISO感度の上げ過ぎを防ぐ制御上限感度機能があるので、状況に応じて設定しよう。

カメラ設定

撮影モード シャッター優先オート
絞り値 f4.0
シャッタースピード 1/4秒
露出補正 −1
ISO感度 3200（ISO AUTO）
WB 自然光オート
使用レンズ NIKKOR Z 24-120mm f/4 S
焦点距離 24mm

CHAPTER 5 ┃ 被写体&シーン別撮影テクニック

Section 07

リッチトーンポートレートや美肌効果、人物印象調整で人物を美しく撮影しよう

KEYWORD リッチトーンポートレート、美肌効果、人物印象調整

人物撮影で肌をきれいに見せる便利な機能に、2種類のピクチャーコントロール「ポートレート」「リッチトーンポートレート」と美肌効果「弱／標準／強」がある。また、人物の肌色だけに対して、明るさとマゼンタ～イエローの範囲の色相が調整できる人物印象調整もある。好みの調整値を3つまで登録でき、撮影時に適用できる。これらの機能をシーンに合わせて、撮影者のイメージに近い仕上がりに活用しよう。

ポートレート+美肌効果「標準」でやさしい雰囲気

ピクチャーコントロールのポートレートはコントラストが低く、暗部が少し明るめになるので、肌を柔らかく明るい雰囲気に仕上げてくれる。肌の質感を重視しているので、ここでは美肌効果は「標準」を選択。髪や目などのディテールはシャープさを保ったまま、肌を滑らかに調整する機能だ。

カメラ設定

撮影モード
絞り優先オート
絞り値 f1.2
シャッタースピード
1/800秒
露出補正 +1
ISO感度 100
(ISO AUTO)
WB 自然光オート
使用レンズ NIKKOR Z 85mm f/1.2 S
焦点距離 85mm

リッチトーンポートレート+美肌効果「強」でキリっと

リッチトーンポートレートは白飛びを抑えながら、階調が豊かで透明感のある肌の質感になる。ポートレートと比べて、メリハリのある描写で、肌のディテールが多く保持されるので、レタッチを前提とした撮影にも向いている。RAW現像ソフトNX Studio（Ver. 1.7.1）では、美肌効果を「しない」で撮影したとき、RAW現像時に効果が追加できない。使いたいときは美肌効果を「ON」にして撮影。現像時に必要なければ「OFF」に変更できるので、美肌効果をデフォルトで「ON」にして撮影しよう。

カメラ設定
撮影モード
絞り優先オート
絞り値 f2.8
シャッタースピード
1/320秒
露出補正 +1
ISO感度 100 (ISO AUTO)
WB 自然光オート
使用レンズ NIKKOR Z 85mm f/1.2 S
焦点距離 85mm

人物印象調整で雰囲気のあるシーンを撮影する

人物印象調整機能で「Y1、明るさ+2」にして撮影、肌を明るく透明感のある印象に仕上げた。調整による変化をライブビューでリアルタイムに確認することで、直感的に微調整して思い通りに仕上げることができる。

カメラ設定
撮影モード 絞り優先オート　絞り値 f4.0
シャッタースピード 1/25秒　露出補正 +0.7
ISO感度 1600（ISO AUTO）
WB 自然光オート
使用レンズ NIKKOR Z 24-120mm f/4 S
焦点距離 44mm

CHAPTER 5 ■ 被写体&シーン別撮影テクニック

Section 08

高速連写とハイスピードフレームキャプチャー+でスポーツを撮影しよう

KEYWORD 連続撮影、ハイスピードフレームキャプチャー+

スポーツ写真で撮影したい瞬間にシャッターを押しても、ピントが合わなかったり、遅れたりして難しいもの。Z 8 は約 20 コマ／秒までの連続撮影モードと、最高 120 コマ／秒が撮影できるハイスピードフレームキャプチャー+がある。さらに、プリキャプチャー機能（→ P.166 の ONE POINT 参照）を使えば、シャッターボタンを全押ししたところから、最大 1 秒前までの画像が記録できて、狙った瞬間を逃さず撮影できる。

高速連続撮影で狙った瞬間を撮影する

テニスのサーブの瞬間を、ハイスピードフレームキャプチャー+「C120」で撮影。ラケットにボールが当たる瞬間を見事に捉えたカット。画質は、JPEGの「Normal」に固定される。「C30」「C60」「C120」によって撮像範囲や画像サイズに制限があるので、用途に合わせて選択しよう。

カメラ設定

撮影モード マニュアル　絞り値 f4.8
シャッタースピード 1/800秒
露出補正 -0.3
ISO感度 900（ISO AUTO）
WB 自然光オート
使用レンズ NIKKOR Z 100-400mm f/4.5-5.6 VR S
焦点距離 135mm

プリキャプチャー機能を使って瞬間を捉える

ハイスピードフレームキャプチャー＋「C60」で、さらにプリキャプチャー機能「0.5s」に設定してラリー中のシーンを撮影。シャッターボタンを半押ししたまま被写体を追尾して、狙った瞬間にシャッターを全押しすると、0.5秒前から約30の画像と、シャッターを離すまでの画像が記録される。プリ記録時間は0.3秒、0.5秒、1秒から、レリーズ後記録時間は1秒、2秒、3秒、最大で設定ができる。

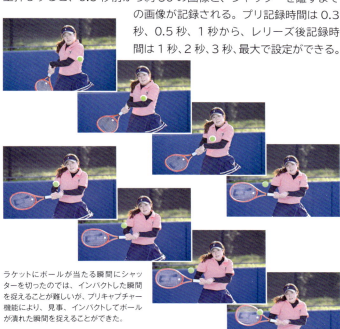

ラケットにボールが当たる瞬間にシャッターを切ったのでは、インパクトした瞬間を捉えることが難しいが、プリキャプチャー機能により、見事、インパクトしてボールが潰れた瞬間を捉えることができた。

カメラ設定
撮影モード
シャッター優先オート
絞り値 f5.3
シャッタースピード
1/1000秒
露出補正 -0.3
ISO感度 1100
（ISO AUTO）
WB 自然光オート
使用レンズ NIKKOR Z
100-400mm
f/4.5-5.6 VR S
焦点距離 300mm

高速連続撮影［H］で決定的瞬間を逃さない

動きが早い被写体で決定的瞬間を捉えたいときは、最高20コマ／秒の高速連続撮影が便利だ。撮影速度は10、12、15、20コマ／秒から設置できる。高速連続撮影する場合、高速書込みができるSDカードでも1～2秒でカメラ内の内部メモリーがいっぱいになるので、さらに高速書込みのできるCFexpress type Bを使うことをおすすめする。

カメラ設定

撮影モード 絞り優先オート　絞り値 f1.4
シャッタースピード 1/2000秒
露出補正 +0.3　ISO感度 100（ISO AUTO）
WB 自然光オート
使用レンズ NIKKOR Z 85mm f/1.2 S
焦点距離 85mm

足を上げて一回転するダンスシーンを、高速連続撮影［H］の20コマ／秒で撮影。笑顔で足がきれいに上がり、体が浮いた瞬間を捉えることができた。一連の動きを画像として追従しながらコマ撮りしたいときに、20コマ／秒は有効だ。

低速連続撮影［L］で1回のシャッターで連続撮影

撮像範囲や画質モード、画像サイズに制限を受けないで、連続撮影ができるレリーズモードは低速連続撮影［L］と高速連続撮影［H］がある。低速連続撮影は1コマ/秒〜10コマ/秒の間で設置できる。動きのある被写体の追従撮影に利用しよう。

カメラ設定

撮影モード シャッター優先オート
絞り値 f4.0　シャッタースピード 1/1000秒
露出補正 +0.3　ISO感度 200（ISO AUTO）
WB 自然光オート
使用レンズ NIKKOR Z 24-120mm f/4 S
焦点距離 43mm

ダンス写真で、ジャンプしポーズを作る瞬間を連続撮影。動きが単調なこともあり、低速連続撮影［L］の10コマ/秒に設定して、ジャンプの瞬間からポーズが決まるまでを撮影した。空中で浮いたようなポーズの決まった写真が撮影できた。

CHAPTER 5 ┃ 被写体&シーン別撮影テクニック

Section 09

縦横4軸チルト式画像モニターを使ってペットを撮影しよう

KEYWORD 縦横4軸チルト式画像モニター

ペット撮影で、犬の目線の高さに合わせて低い位置で撮影するときは、ファイダーではなく画像モニターが便利だ。横位置はもちろん、縦位置にもチルト式に可動するので、どんなアングルでも無理のない姿勢で撮影できる。屋外で画面モニターが見づらいときは、セットアップメニューにあるモニターの明るさで見やすく調整しよう。また、i メニューにモニター／ファインダーの明るさを登録しておくと便利だ。

縦位置チルトで向かってくる愛犬を捉える

カメラが縦位置で地面すれすれのアングルでも、縦位置チルトを使えば楽な姿勢で撮影できる。画面内に芝生のボケ味が多くなることで、立体感が増して元気いっぱいな写真が撮れた。縦位置時に撮影画面の表示や i メニュー、再生画面が縦位置表示になるので、スムーズな設定や画像確認ができる。

カメラ設定

撮影モード シャッター優先オート
絞り値 f5.6　シャッタースピード 1/1000秒
露出補正 -0.3
ISO感度 250（ISO AUTO）
WB 自然光オート
使用レンズ NIKKOR Z 100-400mm f/4.5-5.6 VR S
焦点距離 400mm

ローアングルで駆け抜ける姿を撮影する

斜めに走り抜けていく愛犬をローアングルから撮影。前ボケや奥の木々のボケが広く入り、そこに蹴散らした草が写ったことで、草原を元気よく走る躍動感のある写真になった。高速シャッターで撮影しているが、流し撮りのようにカメラを横に振っているので、お尻の方がブレて躍動感を演出している。

カメラ設定
撮影モード
シャッター優先オート
絞り値 f5.3
シャッタースピード
1/1000秒
露出補正 −0.3
ISO感度 250
(ISO AUTO)
WB 自然光オート
使用レンズ NIKKOR Z 100-400mm f/4.5-5.6 VR S
焦点距離 300mm

広角で快晴の空を背景に凛々しく撮影する

広角で下から撮影することで、空を多く入れることが可能になる。上から写すと芝の緑色一色になってしまうが、空を入れることで青色と緑色で画面にコントラストが付き、より立体的に写すことができる。

カメラ設定
撮影モード
絞り優先オート
絞り値 f4.0
シャッタースピード
1/1250秒
露出補正 −0.3
ISO感度 100
(ISO AUTO)
WB 自然光オート
使用レンズ NIKKOR Z 24-120mm f/4 S
焦点距離 27mm

CHAPTER 5 ■ 被写体&シーン別撮影テクニック

Section 10

HEIF形式で滑らかなグラデーションを再現しよう

KEYWORD HEIF 形式

「HEIF」（ヒーフ）とは、Apple が作った画像フォーマットで、JPEG と比べて階調性がよく圧縮効率が高いのが特徴。メモリーカードの容量を節約しつつ、高画質な写真を記録できる。静止画撮影メニューの［階調モード］を「HLG」に設定すると、JPEG ではなく HEIF で記録される。また、［画質モード］が「RAW + FINE ／ NORMAL ／ BASIC」のいずれかのときは、HEIF と RAW 画像が同時記録できる。

HEIF画像の閲覧と編集

HEIF 画像は HDR（HLG）対応のテレビやタブレットなどでカメラと接続して鑑賞することができる。パソコンの場合は、ニコンのソフトウェア「NX Studio」を使うと、閲覧と JPEG や TIFF 画像への変換ができる。

カメラ設定

撮影モード 絞り優先オート　絞り値 f11　シャッタースピード 1/320秒　露出補正 +0.3
ISO感度 400（ISO AUTO）　WB 自然光オート　使用レンズ NIKKOR Z 24-120mm f/4 S
焦点距離 24mm

夕焼けのグラデーションを美しく撮影する

JPEG画像が8bitに対して、HEIF画像は10bitの階調幅を持ち、約10億7374万色を表現できる。この豊かな階調性により夕焼け空を滑らかなグラデーションで、優れた色再現性で太陽の周りや空の色合いを忠実に再現することができた。

カメラ設定
撮影モード
絞り優先オート
絞り値 f11
シャッタースピード
1/1600秒
露出補正 +0.3
ISO感度 400
（ISO AUTO）
WB 自然光オート
使用レンズ NIKKOR Z 24-120mm f/4 S
焦点距離 75mm

ハイライトからシャドー部まで階調豊かに再現

船体の白い部分や国旗、雲のハイライトから、船体のシャドー部まで白とび、黒つぶれすることなくきれいな階調で描写できる。Z 8のHEIFはHLGガンマを使ったHDR画像で、ハイライト部もシャドー部も幅広く取り込むために、最低感度がISO 400になる。露出オーバーにならないように注意しよう。

カメラ設定
撮影モード
絞り優先オート
絞り値 f11
シャッタースピード
1/500秒
露出補正 0
ISO感度 400
（ISO AUTO）
WB 晴天
使用レンズ NIKKOR Z 24-120mm f/4 S
焦点距離 30mm

CHAPTER 5 ■ 被写体&シーン別撮影テクニック

Section
11

タイムラプスで
星空を撮影しよう

KEYWORD タイムラプス、ヴィネットコントロール

タイムラプス動画とは、一定の間隔で連続撮影した静止画をつなぎ合わせて作成した動画のこと。夕景や星空、街の景色が変化する様子を、早送り動画にして楽しむことができる。Z 8では、タイムラプス動画だけ記録されるものと、静止画も同時に記録することができる「インターバルタイマー撮影」を選べる。インターバルタイマー撮影では「開始日時の設定」や「撮影回数×1回のコマ数」の設定などが可能だ。

夕暮れの景色をタイムラプス動画撮影

夕暮れから夜景へと移り変わる街の景色をタイムラプス動画機能で撮影。90分間を撮影間隔10秒で540コマ撮って、約18秒の動画を作成。ノイズレベルを考慮して「ISO AUTO」の上限感度を設定しよう。

［撮影間隔］10秒
［撮影時間］1時間30分
［露出平滑化］ON
［撮像範囲設定］FX
［動画記録ファイル形式］H. 265
［画像サイズ/フレームレート］2160／P30
［撮影間隔優先］ON
［撮影間隔毎のAF駆動］OFF

カメラ設定

撮影モード 絞り優先オート　絞り値 f8.0
シャッタースピード 変動　露出補正 ±0
ISO感度 100〜800（ISO AUTO 上限800）
WB 晴天　使用レンズ NIKKOR Z 24-120mm f/4 S
焦点距離 34mm

インターバル撮影でタイムラプス動画を作成

金星が見え始めた日没から沈むまでの様子をインターバル撮影した。約90分の撮影で、オプション機能でタイムラプス動画を作成した。滑らかな動画を作るため、1枚の露光時間を5秒に、撮影間隔を6秒に設定した。インターバルタイマー撮影は、必ず撮影間隔を露光時間より長く設定すること。また、マニュアルの撮影モードでは「撮影間隔優先」はOFFにする。インターバル撮影は画角が3：2だが、動画は16：9になるので、[d15 ガイドラインの種類]を「16：9」に設定して構図を作るとよい。

[開始日時の設定] 即時
[撮影間隔] 6秒
[撮影回数×1回のコマ数] 900×1
[露出平滑化] OFF
[撮像範囲設定] FX
[撮影間隔優先] OFF
[撮影間隔毎のAF駆動] OFF
[オプション] → タイムラプス動画
[動画記録ファイル形式] H.265
[画像サイズ/フレームレート] 2160／P30

カメラ設定

撮影モード マニュアル　絞り値 f1.4
シャッタースピード 5秒　露出補正 ±0
ISO感度 11250　WB 色温度設定 4000K
使用レンズ AF-S NIKKOR 28mm f/1.4E ED
焦点距離 28mm

ヴィネットコントロールを使って明るさが均一な動画を作る

星空撮影で露光時間やノイズのことを考慮して、開放絞り値の明るいレンズを使うことが多い。大口径レンズは開放絞りだと、画面の周辺光量落ちが大きく目立つことがある。そんなときは[ヴィネットコントロール]を「強め」に設定して周辺光量を明るく調整しよう。

ヴィネットコントロールなし

ヴィネットコントロール強め

CHAPTER 5 ▎被写体&シーン別撮影テクニック

Section **12**

動画撮影を楽しもう

KEYWORD 動画、記録画質、スローモーション動画

Z 8 は静止画撮影だけでなく、フル HD と 4K、さらに 8K の高画質で滑らかな描写性のある動画撮影も魅力だ。ここでは動画をオートモードで撮影する方法を解説する。

動画をオートモードで撮影する

動画もオートモードでかんたんに撮影できる。4K 動画やスローモーション撮影にも対応しているので、まずはいろいろなところにカメラを向けて動画撮影を楽しもう。

静止画/動画セレクターを🎥モードに合わせる❶。

動画撮影ボタンを押すと❷、録画を開始する。

録画中は録画中マーク❸と、撮影できる残り時間が表示される❹。撮影を終了するにはもう一度動画撮影ボタンを押す。

記録画質を設定する

動画の記録画質は動画撮影メニューの「画像サイズ / フレームレート」から設定できる。3840 × 2160 で 4K 撮影や、4 倍スロー / 5 倍スローでスローモーション動画撮影ができる。フレームレートは 1 秒間に何枚の画像で動画を構成するかを示す単位で、数値が大きいほど滑らかになるが、記録するデータ量も多くなる。

MENUの動画撮影メニューから［画像サイズ/フレームレート］を選択して❶、OKボタンを押す。

▲▼ボタンで好みの画質を選択する❷。

動画を再生する

動画も撮影したらすぐに再生して確認しておこう。静止画よりもデータ量が多いので容量の大きいメモリーカードを使うと安心だ。

▶ボタンを押し、◀▶で再生する動画を表示し、OKボタンを押すと動画が再生される。

再生中は、🔍ボタンと🔍ボタンで音量の調節、マルチセレクターの▲で停止、▼で一時停止、▶で早送り、◀で早戻しができる。

> **ONE POINT　動画に最適なSDカード**
>
> 書き込みや読み込みの速度が遅いメモリーカードを使用した場合、動画の撮影や再生が途中で停止したり、再生できないことがある。UHS スピードクラス 3 以上の SD カードがおすすめだ。

スローモーション動画を撮影する

スローモーション動画を撮影するには以下の設定が必要だ。

■スローモーション動画の設定

MENUの動画撮影メニューから［動画記録ファイル形式］を選択する❶。

「H.264 8-bit(MP4)」を選択して❷、OKボタンを押す。

MENUの動画撮影メニューの「画像サイズ/フレームレート」を選択し、「4倍スロー」「5倍スロー」と書かれているものを選択して❸、OKボタンを押す。

■躍動感のある映像の撮影

撮影モードは、シャッター優先オートかマニュアルでシャッタースピードを基準に露出を設定しよう。シャッタースピードはフレームレートの2倍に近い数値に設定すると自然な動画に仕上がる。たとえば、60fpsで撮影する場合はシャッタースピードを1/125秒に、120fpsの場合は1/250秒に設定する。また、シャッタースピードを固定すると、ISO感度を100に設定しても、晴れた日の屋外や絞りを開けて背景をボカして写したいときに露出オーバーになることがある。そのときは、NDフィルターを使って明るさを調整しよう。1枚のフィルターで調整できる可変式NDフィルターが微妙な明るさの調整もできるので便利だ。

カメラ設定

撮影モード シャッター優先オート　絞り値 f8　シャッタースピード 1/250秒
露出補正 ±0　ISO感度 100（ISO AUTO）　WB 自然光オートレンズ
使用レンズ NIKKOR Z 100-400mm f/4.5-5.6 VR S　焦点距離 400mm

CHAPTER
6

スマホ／タブレット
との連携

Section 01 ┃ スマホとタブレットに写真を転送しよう

Section 02 ┃ スマホをリモコンとして使おう

Section 03 ┃ カメラとスマホの情報を同期しよう

Section 04 ┃ カメラとタブレットを同期して
撮影した写真をチェックしよう

Section 05 ┃ パソコンに画像を転送しよう

Section 06 ┃ パソコンでRAW現像しよう

CHAPTER 6 ■ スマホ／タブレットとの連携

Section 01

スマホとタブレットに写真を転送しよう

KEYWORD SnapBridge、ペアリング

Z8にはBluetoothとWi-Fiが内蔵されており、SnapBridgeというアプリを通じてスマホやタブレットと接続することができる。ここではSnapBridgeを使う準備の方法と、スマホへ写真を転送する方法を解説する。

1 カメラとスマホ／タブレットをペアリングする

最初にAndroidではGooglePlay、iOSではApp StoreからSnapBridgeのアプリをインストールしておこう。次にカメラとスマホをペアリングする。ここではiPhoneを使って解説する。端末によって多少表示が異なる場合があるが、操作はほぼ同じだ。

■カメラ側の準備をする

MENUボタンを押し、ネットワークメニューから［スマートフォンと接続］を選択する❶。

「ペアリング（Bluetooth）」を選択する❷。

「ペアリング開始」を選択する❸。

カメラ名が表示されたら❹、スマホの操作に移る。

■ スマホ側の準備をする

SnapBridgeアプリを起動し、「カメラと接続する」をタップする❶。

Z 8が表示された項目をタップする❷。

接続方法が表示されるので、「ペアリング（Bluetooth）」をタップする❸。

カメラ名が表示されるので、Z 8をタップする❹。

アクセサリが表示されるので、左ページ❹のカメラ名をタップする❺。

スマホにペアリングのコードが表示される❻。コードが表示されたら「ペアリング」をタップして❼、カメラの操作に戻る。

■ ペアリングを完了する

接続が正常であれば、スマホと同じコードがカメラに表示される❶。同じであればカメラのOKボタンを押す。

スマホに「ペアリング完了」が表示されるので、OKをタップする❷。

ペアリングが完了すると、スマホにSnapBridgeのTOP画面が表示される❸。

2 スマホへ写真を転送する

写真の転送は Z 8 の Wi-Fi で行う。スマホ側の Wi-Fi がオフになっていないか確認しておこう。

■1枚の写真を転送する

■タブをタップし❶、SnapBridgeの「画像取り込み」をタップする❷。

OKをタップし❸、Z 8のWi-Fiが起動するまで待機する。メッセージが表示されたら、「接続」をタップする。

撮影した写真が一覧表示されるので、転送したい写真をタップする❹。

写真が拡大表示されるので、「取り込み」をタップする❺。

転送する画像のサイズをタップする❻。

アプリのホーム画面から■タブをタップすると❼、取り込んだ写真が表示される❽。

■複数の写真を転送する

「画像の取り込み」選択後、写真が一覧表示されたら、「選択」をタップする❶。

写真をタップして選び❷、「取り込み」をタップし❸、画像のサイズを選択する。

■タブをタップすると❹、複数の画像が取り込まれたのがわかる❺。

3 撮影した写真を自動で転送する

Z8で撮影したあと、写真をスマホに自動転送することができる（Bluetoothに接続する必要あり）。自動転送される画像は、2MピクセルのJPEGに変換される。

■ 自動転送の設定を行う

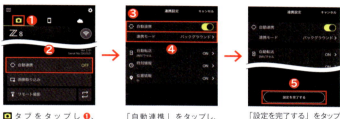

■タブをタップし❶、SnapBridgeの「自動連携」をタップする❷。

「自動連携」をタップし、ONにする❸。「連携モード」を「バックグラウンド」に設定すると、SnapBridgeアプリがスマートフォンの画面に表示されていなくても写真が転送される❹。

「設定を完了する」をタップして❺、スマホ側の設定を完了する。

カメラの操作に移る。ネットワークメニューの「スマートフォンと接続」を選択する❻。

「送信指定」を選択する❼。

「撮影後自動送信指定」を選択し、ONにする❽。

これ以降に撮影した写真は自動でスマホに転送される。

SnapBridgeの■タブをタップすると❾、転送した写真が表示される❿。

転送マークが表示されているときは転送準備中なので、しばらく待つか、アプリの再起動を試すとよい。

CHAPTER 6 ■ スマホ/タブレットとの連携

Section
02
スマホを
リモコンとして使おう

KEYWORD SnapBridge、リモート撮影

SnapBridgeを使えば、写真の転送だけでなくリモート撮影もできる。離れた場所からでもライブビュー画面を見ながら撮影できるので、自分を含めた集合写真も、全員がきちんと写っているかスマホで確認しながら撮影できる。カメラとスマホをペアリング（→ P.128）してから撮影に進もう。

1 リモート撮影を行う

カメラの電源のON / OFFや、レンズのくり出し、構図の調整などはスマホでは変更できない。カメラ側の準備を済ませ、それからスマホ側のリモート撮影の設定に進もう。

SnapBridgeでカメラとスマホをペアリングしておき、「リモート撮影」をタップする❶。

接続方法がBluetoothからWi-Fiに切り換わる確認画面が表示されるので、OKをタップする❷。

再度Wi-Fiの確認画面が表示され、「接続」をタップするとカメラと接続しリモート撮影の画面になる❸。

2 撮影設定を変更する

撮影モードやシャッタースピード、絞り値などの基本的な撮影設定はスマホの操作で変更できる。機能にタップすると選択項目が表示されるので、スクロールで選択する。ただし Creative Picture Control や ISO-AUTO の切り換え、測光方法など、スマホからは変更できない設定もある。ここではアプリ内で変更できる設定を紹介する。

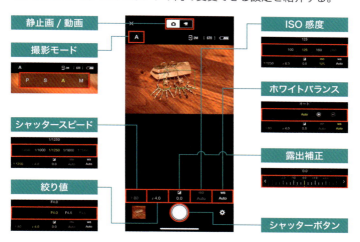

3 カメラ設定を変更する

転送する画像サイズとセルフタイマーの時間は設定から変更できる。自分も含めた集合写真などを撮影する際には、カメラとの距離を考えてセルフタイマーの時間を設定しよう。

リモート撮影画面の右下の「カメラ設定」のアイコンをタップすると❶、カメラ設定の画面になる。

「画像転送」を選択すると、画像転送設定画面になる。「画像転送」をONにすると❷、スマホに転送する画像のサイズを選択できる❸。

「セルフタイマー」を選択すると、セルフタイマーの設定画面になる。「セルフタイマー」をONにすると❹、セルフタイマーの時間を選択できる❺。

133

CHAPTER 6 ■ スマホ／タブレットとの連携

Section 03 カメラとスマホの情報を同期しよう

KEYWORD 時刻情報、位置情報

スマホは電波を受信して時刻を合わせる電波時計を採用しているため、時刻がほとんどずれない。また位置情報も把握することができる。スマホとカメラを同期することで写真に時刻と位置の情報を記録することができる。

1 時刻情報を同期する

時刻情報の同期は、海外に行った際に便利だ。海外旅行でそのまま撮影してしまうと、日本時間で記録されてしまい、あとで写真整理する際にわかりにくくなってしまう。スマホは現在地の時刻を表示できるため、同期しておけば海外の撮影でも正しい時刻が記録される。

一般的なスマホであれば初期設定で時刻を自動更新する設定になっているが、誤って設定を変更している場合もある。端末によって表示が異なるが、スマホの「設定」-「日付と時刻」でタイムゾーンや時刻が自動更新や自動設定になっているか確認しよう。

SnapBridgeの「自動連携」❶をタップすると設定画面が表示される。

「自動連携」をタップしてONにし❷、「時刻情報」をタップしてONにする❸。

2 位置情報を同期する

旅行などで便利なのが位置情報の同期だ。撮影した場所を写真に情報として記録する。だが、国や地域によってGPS機能の使用が規制されている場合があるので確認しておこう。また、位置情報がONになっている状態で自宅で撮影し、そのままSNSなどにアップしてしまうと個人情報の流出につながるので注意が必要だ。

SnapBridgeの「自動連携」❶をタップすると設定画面が表示される。

連携設定の画面が開くので、「位置情報」をタップする❷。

「位置情報」をタップする❸。

位置情報の精度を設定する❹。厳密に設定したいときは「高」、大体の位置でよいときは「低」に設定する。

ONE POINT　位置情報の精度とバッテリー消費

位置情報の精度を「高」に設定するとカメラのバッテリー消費が増加するので、車や電車などの高速で移動する際は設定しないほうがよい。逆に「低」に設定すると、バッテリーの消費は抑えることができるが測位の間隔は減ることになる。さらにバッテリーの消費を抑える場合には、「省電力設定」を「ON」にするとよい。一定時間スマートフォンが動作していない場合に位置情報の連携を中止してバッテリーの消費を抑え、アプリを起動すると連携を再開する。

3 NIKON IMAGE SPACEを使う

NIKON IMAGE SPACE はニコンが提供しているフォトストレージサービスで、撮影した写真の整理や閲覧、家族や友人との写真の共有ができる。SnapBridge のアプリからアップロードの設定をすることもできる便利な機能だ。

■NIKON IMAGE SPACEのインストール

☁タブをタップし❶、「アプリをインストール」をタップすると❷アプリのページが開くので使用許諾や写真のアクセスに同意してアプリをダウンロードしたら、「アカウント」をタップする❸。

NIKON IMAGE SPACE のアカウントを持っている場合は「ログイン」❹を、持っていない場合は「新規登録」❺をタップする。

ログインが完了すると、アカウントが「ログイン中」の表記になる❻。

■自動アップロードを設定する

☁タブをタップし❶、「自動アップロード」をタップする❷。

「自動アップロード」をタップすると❸、「ON」になる。自動アップロードは「Wi-Fiネットワークに接続時のみ」❹が「ON」のときのみ設定できる。

元の画面に戻り、中央の「アプリケーションを起動」をタップし、ログインするとアップロードされた写真の総数が確認できる❺。

4 アップロードした写真の情報を確認する

アップロードした写真の情報を確認すれば、いつ、どのカメラで撮影したかや、カメラ設定、撮影した場所などを確認することができる。食べ歩きや旅行などの際、位置情報を付与していれば、あとから振り返る際の参考になる。

「アップロード済み画像」をタップすると画像の一覧が表示される。右上にピンのアイコン❶がある画像は位置情報が記録されている。情報を確認したい画像をタップする。

右上のメニュー❷をタップするとメニュー一覧が表示されるので、「情報」をタップする❸。

画像の情報が表示される。空欄になっている部分はタップして任意の文章を入れることができる❹。位置情報は緯度、経度で確認できる❺。

ONE POINT　クラウドでシェアすることもできる

NIKON IMAGE SPACE は共有設定をすると、友人や家族と写真を共有することができる。パスワードを設定し、リンクを伝えるだけで、ニコンのカメラを持っていないユーザーでも写真を閲覧したり、ダウンロードしたりすることができるので快適だ。

NIKON IMAGE SPACEにログイン後、「アップロード済み画像」をタップ。「選択する」をタップする❶。

シェアしたい画像を選択して「共有」をタップする❷。

「共有設定」が開くのでパスワード設定や、ダウンロードサイズなどを設定し、「次へ」をタップし❸、発行されたリンクを友人や家族に共有してシェアすることができる。

CHAPTER 6 ■ スマホ／タブレットとの連携

Section 04

カメラとタブレットを同期して撮影した写真をチェックしよう

KEYWORD タブレット

SnapBridgeをインストールし、Z 8とタブレットをペアリングすれば（→ P.128）、画像モニターに映っている画像をタブレットでも確認することができる。タブレットによってはBluetoothで接続がしにくいこともある。そんなときはネットワークメニューの「スマートフォンと接続」-「Wi-Fi接続」-「Wi-Fi接続を開始」を選択し、タブレット側からZ 8のアドレスを選択するとWi-Fiで接続することができる。

1 解像度の高い画像を転送する

タブレットには2M、8Mとオリジナルの画像を送ることができる。画像モニターで見るよりも大きな画像で細部まで確認することが可能だ。

取り込みたい画像をタップするとその画像が表示されるので、「取り込み」❶をタップする。

取り込むサイズを「2Mピクセル」「8Mピクセル」「オリジナルファイル」から選んでタップする❷。

2 拡大して細部までチェックする

リモート撮影時、横位置撮影の場合はタブレットを横向きにするとよい。縦表示より大きく表示できるので、ピントなど細部まで見やすい。撮影後は自動的にタブレットに転送され、拡大したい箇所をピンチアウトすると拡大することも可能だ。風景などで全体的にピントが合っているかなどもしっかり確認ができる。

リモート撮影画面（横位置） 再生時に拡大

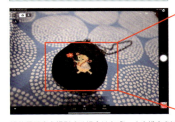

横位置写真を撮影する場合はタブレットも横向きにすると、大きく確認することができる。撮影設定変更などはスマホのときと表示位置が異なることもあるが、アイコンは同じなので操作は難しくない。

ONE POINT　スマホと用途を使い分けて考えよう

SnapBridge をつないでできることは、スマホとタブレットで大きな違いはない。ただ、タブレットの魅力はなんといってもモニターの大きさだ。カメラやスマホのモニターより大きいので、撮影設定を変更するときも、タブレットのモニターを見ながらのほうがよい場合もある。

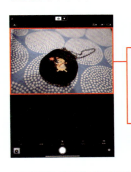

タブレットからホワイトバランスを電球に変更。

タブレットからホワイトバランスを曇天に変更。

139

CHAPTER 6 ▎ スマホ/タブレットとの連携

Section
05
パソコンに画像を転送しよう

KEYWORD NX Studio、Nikon Transfer 2

撮影した写真はパソコンに取り込んで管理しよう。パソコンに画像を転送すれば、閲覧や現像などができるようになる。転送はカメラに対応した USB ケーブルを準備するか、カードリーダーに SD カードを挿入して行う。ここでは Windows で解説する。Mac では多少表示が異なる場合もあるが、基本的な流れは同じだ。

1 ソフトをダウンロードする

ニコンの公式サイトのダウンロードセンターから静止画、動画の閲覧や編集ができる NX Studio をダウンロードしよう。同時に画像の転送に必要な Nikon Transfer 2 がダウンロードされる。この Nikon Transfer 2 のソフトウェアを使って画像をパソコンに取り込んでみよう。

https://downloadcenter.nikonimglib.com/ja/index.htmlからNX Studioをダウンロードできる。「ソフトウェア」から「NX Studio」をクリックし、パソコンのOSを選択する。下方向にスクロールして同意書を確認し、「同意する」にチェックを入れ、地域を選択するとソフトがダウンロードできる。

Windowsはデスクトップ上のNikon Transfer 2のアイコンをダブルクリック、MacはLaunchpadの「Nikon Software（その他）」フォルダー内にあるNikon Transfer 2のアイコンをクリックするとソフトが起動する。

2 画像をパソコンに転送する

ソフトを無事にダウンロードできたら、Nikon Transfer 2 を起動して早速画像をパソコンに取り込もう。ここでは USB ケーブルを使った取り込み方を解説する。

カメラがOFFの状態でカメラとパソコンをUSBケーブルでつなぐ❶。

Nikon Transfer 2を起動し❷、カメラの電源を入れる。

転送元を「カメラ」に設定する❸（カードリーダーにSDカードをさして取り込むときは「リムーバブルディスク」に設定する）。

カメラを認識すると「Z 8」が表示される。クリックすると、スロットが表示されるので、任意のスロットを選択する❹。

パソコンのどこに保存するか、転送先を設定する❺。取り込みたい画像にチェックを入れ❻、「転送開始」をクリックする❼。

転送が終わりOKをクリックすると❽、Nikon Transfer 2が終了し、NX Studioが起動する❾。

CHAPTER 6 ■ スマホ/タブレットとの連携

Section 06

パソコンでRAW現像しよう

KEYWORD NX Studio、RAW現像

Z 8はカメラ内でもRAW現像を行うことができるが、パソコンに専用のソフトをダウンロードすると、効果を確認しながら調整して現像することができるので便利だ。ニコンの公式ホームページから無料でNX Studioというソフトがダウンロードできる。

1 NX Studioとは

NX Studio（→ P.140）は無料でダウンロードできるソフトで、写真の閲覧や管理、編集などができる。撮影した写真を大きく見ることができ、フォーカスポイントの確認やラベルやレーティング付けなどが可能だ。まずは各部名称を理解しよう。

ツールバー
写真の取り込みや印刷、書き出しなどが選択できる。

ビューエリア
写真を表示するエリアで、サムネイル一覧表示や、二画面比較表示など表示方法を選択したり、写真を絞り込んだりすることができる。

ブラウザーパレット
ビューエリアに表示するフォルダーの選択やお気に入り、アルバムなどの機能が使用できる。

下部ツールバー
フォーカスポイントやグリッドの表示、ラベル、レーティングなどができる。

調整 / 情報パレット
画像の調整や情報の確認、写真の著作権などを確認することができる。

2 RAW現像する

Z 8で撮影されたRAWデータはNEF形式で保存される。JPEGとRAWを同時に記録している設定の場合、NX Studioではそれぞれ表示される。誤ってJPEGのデータを選択すると、詳細な調整はできないので、必ずNEF形式のデータか確認しよう。

ブラウザーパレットから、現像したい画像が入っているフォルダーを選択する❶。次にビューパレットの表示方法を選択する。ここでは画像の変化を確認しやすいように「イメージビューアー表示」にした❷。

調整/情報パレットの「調整」タブをクリックする❸。調整項目が表示されるので、調整したい項目の▶をクリックする❹。ここでは「基本的な調整」をクリックする。調整する項目を選択すると、その項目が展開される。ここでは「ピクチャーコントロール」を展開した❺。

「撮影時の設定」の右にある▼をクリックすると❻、選択肢が表示される❼。

調整項目によっては選択肢の続きから、さらに選択肢が展開することもある。ここでは「Creative Picture Control」から❽、「[02]モーニング」を選択した❾。

画像が調整され、ビューエリアに表示された画像の色味も変化した❿。

続けて、ほかに調整したい項目を選択し、編集を続ける⓫。

3 画像を書き出す

RAW画像の編集が終わったら、JPEGやTIFF形式に出力しよう。JPEGやTIFF形式に出力した画像はほかのソフトウェアでも閲覧、編集が可能となる。

RAW画像の編集が終わったら、ツールバーにある「書き出す」をクリックする❶。

「書き出す」ダイアログが表示されるので、「書き出し形式」❷、「画質」、「解像度」❸、「保存先」などを設定し❹、「書き出す」をクリックすると❺、設定した内容で出力される。

ONE POINT　画像の表示方法を変えることもできる

画像の表示方法は、ビューエリアのアイコンをクリックすることで切り換えることができる。「サムネイル一覧表示」では複数の画像から1つの画像を探したい場合に便利で、「サムネイル詳細表示」ではサムネイルと同時に詳細情報を確認したい場合に便利だ。「イメージビューアー表示」では1つの画像を大きく表示できるのでじっくり編集したい場合におすすめだ。「2画像比較表示」や「4画像比較表示」では異なる画像を並べて表示できる。「調整結果比較表示」では1つの画像の調整前と調整後を並べて比較することができる。用途によって切り換えて使用すると画像の調整が行いやすくなるだろう。

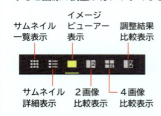

CHAPTER 7

撮影に役立つ便利な設定

Section 01 ┃ 親指AFを使おう
Section 02 ┃ 音声メモを使おう
Section 03 ┃ ファインダーをカスタマイズしよう
Section 04 ┃ 画像モニターをカスタマイズしよう
Section 05 ┃ ビューモード設定を変更しよう
Section 06 ┃ マイメニューを利用しよう
Section 07 ┃ ボタンをカスタマイズしよう
Section 08 ┃ マイメニューをFnボタンに割り当てよう
Section 09 ┃ 撮影機能の呼び出し（ホールド）を割り当てよう
Section 10 ┃ スターライトビューを設定しよう
Section 11 ┃ 赤色画面表示を設定しよう
Section 12 ┃ サイレントモードを設定しよう
Section 13 ┃ 電子音を設定しよう
Section 14 ┃ 高速連続撮影／低速連続撮影を設定しよう
Section 15 ┃ ピクセルシフトを設定しよう
Section 16 ┃ 露出ディレーモードを設定しよう
Section 17 ┃ 撮影シーン別に ${\bf\it i}$ メニューをカスタマイズしよう
Section 18 ┃ 撮影直後の画像確認を表示しよう
Section 19 ┃ パワーオフの時間を設定しよう

CHAPTER 7 ▎ 撮影に役立つ便利な設定

Section
01
親指AFを使おう

KEYWORD 親指AF、AF-ONボタン

親指AFはAF-ONボタンを親指で押すだけでピントが合わせられる便利な機能だ。ただこれを使用するにはシャッターボタンのAFを無効にしておこう。

■ シャッターボタンのAFを無効にする

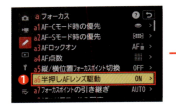 

MENUボタンを押し、カスタムメニューの［a6 半押しAFレンズ駆動］を選択する❶。

「しない」❷を選択する。これでシャッターボタンを押してもAFは作動しなくなる。

マルチセレクターの▶ボタンを押すと❸、ピントが合っていないときのシャッターレリーズを禁止するか、許可するかを選択できる❹。

■ 親指AFの撮影方法

ピントを合わせる際、親指でAF-ONボタンを押す❶。画面のマークが緑色に変わったら❷、シャッターボタンを全押しする❸。

146

CHAPTER 7 ■ 撮影に役立つ便利な設定

Section
02
音声メモを使おう

KEYWORD 音声メモ

撮影場所の状況説明や撮影時に使用した PL フィルターなど、Exif 情報では見られない情報を音声で登録ができるのが「音声メモ」だ。画像 1 枚に対して最長 60 秒の音声メモを残すことができる。

■ 音声メモの録音

再生画像を選んだら、*i* ボタンを押して[音声メモの録音]を選ぶ❶。OKボタンを押すと録音が開始される。

録音が始まると🎤アイコンと、録音ができる残り時間が表示される❷。再度OKボタンを押すと録音が終了する❸。

■ 音声メモの再生

[♪]マーク❶が付いた画像を選ぶ。

i ボタンを押し、[音声メモの再生]を選び❷、OKボタンを押す。

■ 音声メモの削除

再生画面で🗑ボタンを押して❶、「音声のみ」を選択して❷、再度🗑ボタンを押すと、画像から音声メモのみを削除できる。

147

CHAPTER 7 ▮ 撮影に役立つ便利な設定

Section 03 ファインダーをカスタマイズしよう

KEYWORD ファインダー

撮影のとき、ファインダーと画像モニターで確認するポイントを分けると便利だ。最初にファインダーのカスタマイズの例を紹介する。

■撮影時に重視するものを表示

とくに風景撮影の場合、画像モニターでは光が反射して被写体が見えづらいこともある。そのためファインダーには撮影時に必要なものを表示させておくのがおすすめだ。

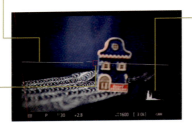

水準器
水平線などまっすぐなラインが取れているかを確認するために表示させる。とくに星空撮影などで真っ暗な状況では役立つ。

センターマーカー
画面の中央を表す十字の線で、構図を作る際の目安にする。

ヒストグラム
画像モニターでも確認するが、ファインダーをのぞきながらフレーミングを変更した場合でもそのまま白とびなどを確認できるように表示する。

■ファインダーをカスタマイズする

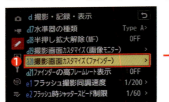 →

メニューボタンを押し、カスタムメニューから[d20 撮影画面カスタマイズ（ファインダー）]を選択し❶、▶を押す。

表示する画面（→P.21）ごとに▶ボタンを押し、表示させる機能に✓を入れる❷。

CHAPTER 7 ▍撮影に役立つ便利な設定

Section 04 画像モニターをカスタマイズしよう

KEYWORD 画像モニター

ファインダーより大きい画面で見えるので、写真としての画像を確認しやすいのが画像モニターだ。

■ 撮影の前後で確認したい機能を表示

撮影前後では画像モニターに、露出補正や絞り、シャッタースピード、ヒストグラムなどを表示させると便利だ。

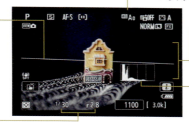

ホワイトバランス
光源によって変化するため、画像モニターのほうが確認しやすい。

水準器
ファインダーでも確認するが、画像モニターでも確認できるように設定しておくのがおすすめまだ。

露出
露出補正した画像がすぐにわかる。

シャッタースピード／絞り値
設定した数値と画像を確認する。

ヒストグラム
白とびや黒つぶれは、画像モニターで確認するほうが表示が大きいのでわかりやすい。

■ 画像モニターをカスタマイズする

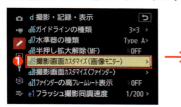

メニューボタンを押し、カスタムメニューから［d19 撮影画面カスタマイズ（画像モニター）］を選択し❶、▶を押す。

表示する画面（→P.27）ごとに▶ボタンを押し、表示させる機能に✓を入れる❷。「SIMPLE」❸はシャッタースピードや絞り値、撮影モードなどを表示させる。「DETAIL」❹はフォーカスモードやホワイトバランスなどの設定を表示させる。

149

Section 05 ビューモード設定を変更しよう

KEYWORD ビューモード

静止画撮影時には、画面の見やすさを優先して撮影設定をファインダーや画像モニターに反映させないようにすることができる。明るさを落としたり、ピクチャーコントロールを設定していたりしてもファインダーや画像モニターに反映されないので、被写体やピントを確認しやすい。ビューモード設定は静止画のみに対応していて、動画では常に撮影設定が反映されることを覚えておこう。

1 ビューモードを知る

ホワイトバランスや露出補正などの撮影設定を変更すると、通常ではファインダーや画像モニターに映る画像にも反映される。ビューモードで見やすさを優先させると、撮影設定を反映しないので、長時間の撮影で目の負担を感じる場合や、しっかりと被写体を確認しながら撮影したい場合に向いている。

■ ビューモード設定の変更

MENUボタンを押し、カスタムメニューの[d9:ビューモード設定(静止画Lv)]を選択する❶。

「見やすさを重視」を選択すると❷、撮影設定がファインダーや画像モニターに反映されなくなる。

ビューモードの設定はファインダーや画像モニターからすぐ確認できる。カメラのアイコンが表示されていれば「撮影設定を優先」で、目のアイコンが表示されていれば「見やすさを重視」になっている。

2 ビューモードの詳細を設定する

ビューモード設定で設定できる項目は「撮影設定を優先」と「見やすさを重視」の2つ。それぞれの設定から、さらに詳細な設定を変更することができる。それぞれ設定できる項目が異なるので、確認しておくとよいだろう。

■「撮影設定を優先」の詳細設定

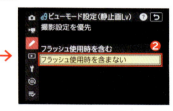

「撮影設定を優先」を選択する❶。色味や明るさの設定を変更すると、撮影画面の表示に反映される。

▶を押すと、フラッシュ使用時を含むかどうかの設定ができる❷。

■「見やすさを重視」の詳細設定

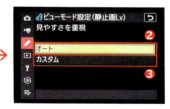

「見やすさを重視」❶では、色味や明るさの設定を変更しても、撮影画面の表示に反映されない。

▶を押すと、「オート」か「カスタム」を選択することができる。「オート」❷では見やすい色味や明るさで表示されるので構図の確認などがしやすい。「カスタム」❸では「ホワイトバランス」、「ピクチャーコントロール」、「暗部補正」の各項目を設定できる。

CHAPTER 7 ▮ 撮影に役立つ便利な設定

Section
06

マイメニューを利用しよう

KEYWORD マイメニュー

とっさのシャッターチャンスを逃さないように、カメラの使い方をマスターしておくのはもちろんのことだが、使いやすくカスタマイズしておくことも重要なポイントだ。撮影者によってよく使用する撮影設定は異なる。自分好みにカスタマイズして使いやすいように設定しよう。

1 マイメニューを知る

初期設定のままでは、自分が変更したいメニューがどこにあるのか探すのに時間がかかってしまうこともあるだろう。静止画撮影、動画撮影、カスタム、再生、セットアップ、ネットワークの各メニューから、よく使う項目だけを選んで、20項目までマイメニューに登録することができる。素早く撮影設定を変更することができるため、シャッターチャンスを逃さないようにぜひ活用しよう。

マイメニューはMENUを押すと表示される画面の中で一番下のタブだ。マイメニューには、自分がよく使う設定項目を20項目まで登録することができる。使用頻度が高い項目を上側に、使用頻度が低いセットアップなどの項目は下側に登録すると、20項目の中からも探しやすくなるだろう。

■ マイメニューを使う

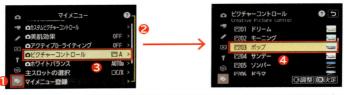

MENUからマイメニューを選択すると❶、登録した項目が表示される❷。使用する項目を選択すると❸、詳細を選択できる❹。

2 マイメニューに登録する

マイメニューはよく使用する項目だけを登録することができる。使用頻度や使用するタイミングを考慮して登録する順番を決めよう。

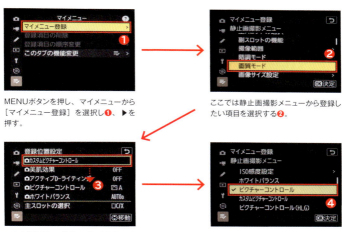

MENUボタンを押し、マイメニューから［マイメニュー登録］を選択し❶、▶を押す。

ここでは静止画撮影メニューから登録したい項目を選択する❷。

これを繰り返し、複数の項目を登録できる。すでに登録されている項目がある場合、▲▼ボタンを押してどの順番に登録するか選択しOKボタンを押す❸。

☑❹が表示されている項目は、すでにマイメニューに登録済み。左横に☒が表示されている項目は、マイメニューに登録できない。

ONE POINT　マイメニューの機能を「最近設定した項目」に変更

マイメニューを「最近設定した項目」に変更すると、自分が使用した項目だけを自動でまとめておいてくれる。ただし、使用した順の表示になるので注意しよう。

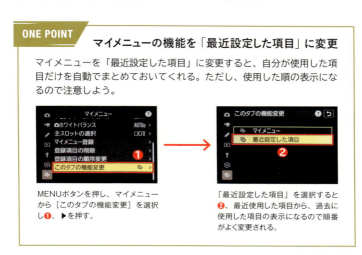

MENUボタンを押し、マイメニューから［このタブの機能変更］を選択し❶、▶を押す。

「最近設定した項目」を選択すると❷、最近使用した項目から、過去に使用した項目の表示になるので順番がよく変更される。

Section 07 ボタンをカスタマイズしよう

KEYWORD ボタン、カスタマイズ、コマンドダイヤル

Ｚ８では、静止画撮影時／動画撮影時／再生時に、ボタンの設定を自分好みにカスタマイズできる。カスタマイズできる主なボタンは、Fn1ボタン、Fn 2ボタン、フォーカスモードボタン、プロテクト/Fn3ボタン、AF-ONボタン、サブセレクター中央、DISPボタン、OKボタン、再生ボタンなどだ。

1 ボタンやダイヤルの機能のカスタマイズ

Ｚ８にある各操作のボタンは任意の機能に変更することができる。下記のマークされている部分のボタンが機能を変更することができる。Ｚ８で動画を撮影しない場合は、動画撮影ボタンに割り当てるのがおすすめだ。

レンズ側にもカスタマイズできるボタンやリングがある。MF撮影しなければ、レンズのフォーカスリングに割り当てるのもよいだろう。ただし、レンズのFnボタンは使用するレンズによってはないこともあるので、使用頻度の高い機能は割り当てないほうが無難だ。

2 カスタム機能を割り当てる

自分の撮影スタイルに合わせて使いやすいボタンやダイヤルに機能を割り当てよう。ただし、コマンドダイヤルへの機能の割り当ては若干異なる（ONE POINT参照）。

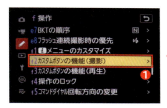

MENUボタンを押し、カスタムメニューから[f2 カスタムボタンの機能（撮影）]を選択する❶。

どのボタンやダイヤルの機能を変更するのか、◀▶▲▼で選択し❷、OKボタンを押す。

割り当てられる機能の一覧が表示されるので、任意の機能を選択し❸、OKボタンを押す。

機能が切り換わったことがわかる❹。

ONE POINT　コマンドダイヤルの機能の割り当て

コマンドダイヤルに割り当てられる機能は、ほかのボタンやダイヤルとは異なり、「露出設定」、「フォーカスモード/AFエリアモード設定」、「拡大表示中のサブコマンドダイヤル」の3つとなる。それぞれの機能は、項目を選択する際に▶を押すと、設定が変更できる。

「拡大表示中のサブコマンドダイヤル」を選択する際に▶を押すと、「露出設定」か「拡大/縮小」かを選択できる。

CHAPTER 7 ■ 撮影に役立つ便利な設定

Section 08

マイメニューを Fnボタンに割り当てよう

KEYWORD マイメニュー、Fn ボタン

マイメニューに登録した項目（→ P.153）は、Fn1、Fn2 ボタンにそれぞれ割り当てると便利だ。使用したいときに、登録した項目をすぐに設定することができるようになる。

■Fnボタンにマイメニューを割り当てる

Fn1 ボタンの初期設定は撮影メニューの切り換えになっているため、マイメニューに変更する。

MENUボタンを押し、カスタムメニューから[f2カスタムボタンの機能（撮影）]を選択する❶。

を選択してOKボタンを押す❷。

「マイメニュー」を選択して❸、OKボタンを押す。

Fn 1ボタンが「マイメニュー」に変わった❹。Fn 1ボタンを押せばP.153の方法でマイメニューに登録した項目が表示される。

CHAPTER 7 ▌撮影に役立つ便利な設定

Section 09 撮影機能の呼び出し（ホールド）を割り当てよう

KEYWORD 撮影機能の呼び出し

特定の被写体や撮影シーン向けにあらかじめ設定した、撮影モードや露出、AFなどの機能を特定のボタンに登録できると便利だ。撮影機能の呼び出し（ホールド）に割り当てることでそれが可能になる。とっさの際に呼び出して撮影し、再度押すと解除される。

■撮影機能の呼び出し（ホールド）に割り当てる

自分の使いやすいボタンに、機能を割り当てることができる。ここではFn3ボタンに被写体検出の「鳥」を設定してみる。

MENUボタンのカスタムメニューから［f2カスタムボタンの機能（撮影）］を選択し、変更する箇所を選択してOKボタンを押す❶。

「撮影機能の呼び出し（ホールド）」を選択する❷。

呼び出したい機能にOKボタンを押して、チェックマークを入れて▶ボタンを押す❸。

割り当てたい機能を選択してOKボタンを押す❹。ほかの項目も同時に設定できる。

「現在の設定を登録」でOKボタンを押す❺。

CHAPTER 7 ┃ 撮影に役立つ便利な設定

Section 10

スターライトビューを設定しよう

KEYWORD スターライトビュー

夜景や星など暗い場所でも、撮影画面が明るくなって見やすくするのがスターライトビューだ。ONに設定しておこう。

■ **スターライトビューの設定**

暗い場所での撮影前に設定しておこう。「ON」にしておけば、肉眼では暗くて見えない被写体をファインダーや画像モニターで見ることができる。

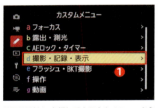

MENUボタンを押してカスタムメニューから[d撮影・記録・表示]を選択する❶。

[d10スターライトビュー（静止画Lv)]を選択して「ON」にする❷。

スターライトビュー「ON」

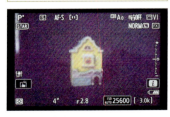

暗闇でも被写体が見える。

スターライトビュー「OFF」

何も見えない。

CHAPTER 7 ▎撮影に役立つ便利な設定

Section
11

赤色画面表示を設定しよう

KEYWORD 赤色画面表示

星空撮影などの暗闇で撮影するとき、撮影画面やメニュー画面、再生画面を赤色で見やすくするのが赤色画面表示だ。暗さに慣れた目でもメニューや被写体が見やすくなる。

■ 赤色画面表示の設定

暗い場所でもメニュー画面などが見られるように、設定しておくと便利だ。

MENUボタンを押してカスタムメニューから[d11赤色画面表示]を選択する❶。

「表示モードの選択」❷で、▶ボタンを押す。

メニュー画面や撮影画面、再生画面に表示されるものすべてを赤色表示する「表示モード1」、メニュー画面は赤色表示し、撮影画面や再生画面ではアイコンや撮影情報が赤色表示される「表示モード2」のどちらかを選択して❸、OKボタンを押す。

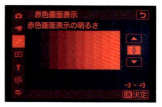

「赤色画面表示の明るさ」で▶ボタンを押すと、明るさの度合いを▲▼ボタンで選択できる。

159

サイレントモードを設定しよう

KEYWORD サイレントモード

音に敏感な被写体や美術館など、静かにしなくてはいけないシーンに有効なのがサイレントモードだ。

■ サイレントモードの設定

サイレントモードを「ON」にすると、すべての電子音と電子シャッター音を出さずに撮影できる。

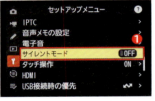

MENUボタンを押してセットアップメニューから［サイレントモード］を選択する❶。

選択すると「ON」になる❷。

■ 半押しタイマーの動作音を調整する

サイレントモードを「ON」にしても、半押しタイマーの「ON／OFF」が切り換わるときには音が出る。この動作音を出さないようにすることができる。

MENUボタンを押してカスタムメニューから［c3パワーオフ時間］を選択する❶。

「半押しタイマー」を選択する❷。

「制限なし」を選択する❸。

CHAPTER 7 ■ 撮影に役立つ便利な設定

Section 13 電子音を設定しよう

KEYWORD 電子音

電子シャッター音は、鳴らないようにすることが可能だ。また音量や音の種類の選択もできる。

■ 電子音をOFFにする

「OFF」にすることで、電子音を鳴らないようにすることができる。

MENUボタンを押してセットアップメニューから［電子音］を選択する❶。

「電子シャッター音」を選択して「OFF」にする❷。

■ 電子音の音量を調節する

音量を「1」～「5」の中から選択できる。初期設定では「3」になっている。

セットアップメニューの［電子音］から、「音量」を選択する❶。

音量を「1」～「5」の中から▲▼ボタンで選択して❷、OKボタンを押す。

■ 音を選択する

シャッター音を「Type A」～「Type E」の中から選択することができる。初期設定では「Type A」になっている。

セットアップメニューの［電子音］から、「音の選択」を選択する❶。

「Type A」～「Type E」の中から▲▼ボタンで選択して❷、OKボタンを押す。

CHAPTER 7 ■ 撮影に役立つ便利な設定

Section 14

高速連続撮影／低速連続撮影を設定しよう

KEYWORD 高速連続撮影［H］、低速連続撮影［L］

連続撮影ができるレリーズモードには、高速連続撮影［H］と低速連続撮影［L］がある。動きが早い被写体の決定的瞬間を捉えたいときは、高速連続撮影［H］を設定する。最高20コマ／秒撮影することが可能だ。低速連続撮影［L］は1コマ／秒～10コマ／秒の間で設定できる。動きのある被写体の追従撮影やオートブラケティング撮影で使おう。

■ 高速連続撮影［H］の設定

高速連続撮撮影速度は10、12、15、20コマ／秒から設定できる。一連の動きを画像として追従しながら連続撮影したいときには、20コマ／秒は役立つ。

MENU画面のカスタムメニューから［d1連続撮影速度］を選んで❶、OKボタンを押す。

「高速連続撮影」を選択して❷、OKボタンを押す。

好みのコマ／秒を選んで❸、OKボタンを押す。

■ 低速連続撮影［L］の設定

低速連続撮影は1コマ／秒～10コマ／秒の間で設置できる。

MENU画面のカスタムメニューから［d1連続撮影速度］を選んで❶、OKボタンを押す。

「低速連続撮影」を選択して❷、OKボタンを押す。

好みのコマ／秒を選んで❸、OKボタンを押す。

CHAPTER 7 ▍撮影に役立つ便利な設定

Section
15 ピクセルシフトを設定しよう

KEYWORD ピクセルシフト

細密な建物や、細かな装飾などを撮影するときに、ピクセルシフトを使うと、ノイズを抑えた高解像度で表現することができる。使用する場合は、三脚を使ってブレを抑えることが必須になる。ピクセルシフトでは複数のRAW画像が撮影されるので、NX Studio（→ P.142）を使用して合成する。

■ ピクセルシフトの設定

ピクセルシフの設定は、解除するまで連続して撮影する「する（連続）」と、1回撮影すると解除される「する（1回）」から選ぶことができる。「しない」を選択すると、解除できる。

MENUの静止画撮影メニューから［ピクセルシフト撮影］を選んで❶、OKボタンを押す。

「ピクセルシフト撮影モード」を選択して❷、OKボタンを押す。

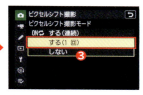

「する」を選択して❸、OKボタンを押す。

「撮影コマ数」を選択して❹、OKボタンを押す。

「4」、「8」、「16」、「32」から好みのコマ数を選択して❺、OKボタンを押す。

Section 16 露出ディレーモードを設定しよう

KEYWORD 露出ディレーモード

露出ディレーモードは、カメラブレを抑えたいときに、シャッターボタンを押してから約 0.2～3 秒後にシャッターが切れるようにする機能のこと。設定されていると、撮影画面に DLY アイコンが表示される。

■ 露出ディレーモードの設定

シャッターボタンを押すことによるピンボケなども軽減できるので、シーンに合わせて設定しておこう。

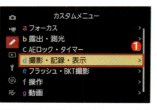

MENUボタンを押してカスタムメニューから[d撮影・記録・表示]を選択する❶。

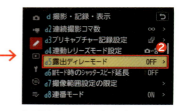

[d5 露出ディレーモード]を選択する❷。

シャッターが切れる時間を選択して❸、OKボタンを押す。

露出レディーモードの時間を設定している場合。「DLY」のマークが表示される❹。

164

CHAPTER 7 ┃ 撮影に役立つ便利な設定

Section 17 撮影シーン別に *i* メニューをカスタマイズしよう

KEYWORD *i* メニュー、カスタマイズ

撮影シーンに合わせた機能を *i* メニューに割り当てると、よく使うメニューが呼び出せる。*i* メニューとマイメニューで自分の呼び出したい機能を網羅できれば、とっさのシャッターチャンスにもすぐに対応できるようになる。

■ *i* メニューのカスタマイズ

Z 8では *i* メニューに表示する項目をカスタマイズすることができる。ボタンのカスタマイズ（→ P.154）と組み合わせれば、撮影効率が格段にアップするだろう。静止画モードと動画モードでは設定できる項目が異なる。動画モードで表示する *i* メニューは、静止画モードとは別にカスタマイズすることができる。次のページではシーン別のカスタマイズ例を紹介する。

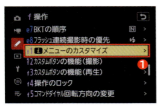

MENUボタンを押し、カスタムメニューから［f1 *i* メニューのカスタマイズ］を選択する❶。

機能を設定したい *i* メニューの場所を選択し❷、OKボタンを押す。

割り当てたい機能を選択し❸、OKボタンを押す。

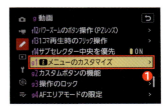

動画モードの *i* メニューをカスタマイズする際は、カスタムメニューから［g1 *i* メニューのカスタマイズ］を選択する❶。

動体撮影におすすめのカスタマイズ

鳥や飛行機、動物、子どもなど動きの速い被写体の撮影にはピントが肝心だ。手ブレ補正や AF ロックオンなどを設定しておこう。

手ブレ補正
被写体に応じて、手ブレ補正モードの[ノーマル]と[スポーツ]を切り替える。

AF ロックオン
フォーカスモードがAF-Cのときに、カメラと被写体の間を障害物や別の被写体が横切ったときのピント動作を設定する。

画質モード
高速連写で連続して撮影したい枚数に応じて、RAW、JPEGの組合せを選ぶ。

アクティブD-ライティング
背景と被写体との明暗差が大きいときに、被写体のシャドー部を明るくなるように使用する。

AF エリアモード/被写体検出
AFエリアの変更と被写体検出の被写体の選択を行う。

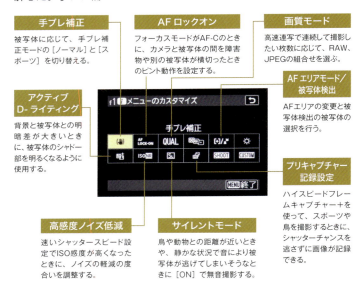

高感度ノイズ低減
速いシャッタースピード設定でISO感度が高くなったときに、ノイズの軽減の度合いを調整する。

サイレントモード
鳥や動物との距離が近いときや、静かな状況で音により被写体が逃げてしまいそうなときに[ON]で無音撮影する。

プリキャプチャー記録設定
ハイスピードフレームキャプチャー＋を使って、スポーツや鳥を撮影するときに、シャッターチャンスを逃さずに画像が記録できる。

ONE POINT プリキャプチャーの設定

飛び立つ鳥やスポーツの一瞬の動きを逃さないように、プリキャプチャーを設定しておこう。シャッターボタンを全押しした時点から さかのぼって静止画を記録する時間を設定できる。

MENUのカスタムメニューから[d撮影・記録・表示]を選択。[d3プリキャプチャー記録設定]を選択して❶、OKボタンを押す。

「プリ記録時間」を選択し❷OKボタンを押す。

「なし」以外の任意の時間を設定する❸。

風景撮影におすすめのカスタマイズ

風景では刻々と変化する光を理解することがポイントになる。そのため測光モードやアクティブD-ライティングなどを割り当てておくと便利だ。また夜景や星空などの暗闇での撮影がある場合は、赤色画面表示などを割り当てておこう。

手ブレ補正
手持ち撮影と三脚の使用に応じてON/OFFを切り換える。

階調モード
通常の風景シーンは［SDR］、朝焼けや夕景のグラデーションがあるシーン、HDR画像の撮影時は［HLG］に切り換える。

測光モード
撮影シーンに合わせて測光モードを変更して的確な露出で撮影する。

アクティブD-ライティング
逆光や海辺など明暗差の激しい景色を撮影するときに、白とびや黒つぶれを抑制するために使用する。

長秒時ノイズ低減
花火や星空の連続撮影時や、好きなタイミングでシャッターを切りたいときに、設定をOFFに切り換える。

フォーカスピーキング
マニュアルフォーカスで撮影するときに、ピントが合っている範囲の確認、被写界深度の確認をするときに設定する。

赤色画面表示
星景撮影など暗所撮影のとき使用。暗さに慣れた目でも、メニューや被写体が見やすくなる。

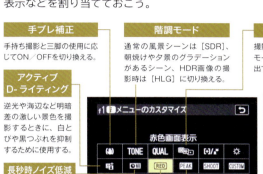

ポートレート撮影におすすめのカスタマイズ

肌を美しく見せる「美肌効果」「人物印象調整」は必須。光の調整を行うフラッシュ調光補正などを割り当てておこう。

フラッシュモード
スピードライトをカメラに装着またはワイヤレスで使うときに、フラッシュの効果を設定する。

AFエリアモード/被写体検出
AFエリアの変更とAF時の被写体検出設定を［人物］にする。

サイレントモード
静かな場所でシャッター音を鳴らしたくないときに、［ON］にして撮影する。

アクティブD-ライティング
逆光や背景と被写体との明暗差が大きい場合、顔の明るさや髪の毛のディテールを明るめにしたいときに使用する。

人物印象調整
人物の明るさと色相を調整して登録しておいた設定を選択して使用する。

美肌効果
人物の肌を滑らかにきれいに補正する。

CHAPTER 7 ▍撮影に役立つ便利な設定

Section 18 撮影直後の画像確認を表示しよう

KEYWORD 撮影直後の画像確認

撮影直後、画像をモニターに表示できるように設定しておくことができる。再生ボタンを押さなくても、画像を確認できるので便利だ。

■ 撮影直後に画像確認をONにする

撮影した直後に、画像を確認できるようにするには、再生メニューの[撮影直後の画像確認]から設定できる。

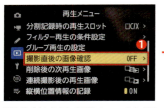

MENUボタンを押して撮影メニューから[撮影直後の画像確認]を選択する❶。

「する(画像モニターのみ)」を選択する❷。画像モニターを見ながら撮影しているときに画像モニターに画像が表示される。

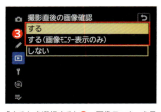

「する」を選択すると❸、画像モニターを見ながらの撮影では画像モニターに表示され、ファインダーを見ながらの撮影ではファインダーに表示される。

「しない」を選択すると❹、表示されないので、▶ボタンを押して撮影画像を確認する。

CHAPTER 7 ■ 撮影に役立つ便利な設定

Section 19 パワーオフの時間を設定しよう

KEYWORD 画像の再生時間

Ｚ８のモニターの表示が自動で消えるまでの時間や、撮影後に画像の再生表示から撮影画面に切り替わるまでの時間を変更することが可能だ。

■ 画像の再生表示の時間を設定する

再生画面を表示したあとに、モニターやファインダーの表示が自動的に消えるまでの時間を設定しよう。

MENUボタンを押してカスタムメニューから［AEロック・タイマー］を選択して、「c3パワーオフ時間」を選択する❶。

「画像の再生時間」を選択する❷。

画像を再生する時間を▲▼ボタンで選択する❸。

■ 撮影直後の画像確認の時間を設定する

撮影後、画像の再生表示から、撮影画面に切り替わるまでの時間を設定できる。ただし、再生メニューの［撮影直後の画像確認］（→ P.168）を「する」「する（画像モニター表示のみ）」に設定する必要がある。

MENUボタンを押してカスタムメニューから［AEロック・タイマー］を選択して、「c3パワーオフ時間」を選択する❶。

「撮影直後の画像確認」を選択する❷。

画像を確認する時間を▲▼ボタンで選択する❸。

全メニュー画面一覧

1 静止画撮影メニュー

❶撮影メニューの管理	撮影メニューの設定内容を撮影メニュー「A」「B」「C」「D」の4通りに記憶し、切り換えることができる。
❷撮影メニューの拡張	「ON」に設定すると、「A」〜「D」の撮影メニューごとに、露出の設定を記憶する。
❸記録フォルダー設定	画像を記録するフォルダーを設定する。「フォルダーグループ名変更」「フォルダー番号指定」「既存フォルダーから選択」から選ぶ。
❹ファイル名設定	記録する画像のファイル名を、初期設定のDSCから任意の3文字に変更できる。設定したファイル名の後ろに番号が付記される。
❺主スロットの選択	CFexpress／XQDカードとSDカードを同時に使うときの、優先的に使うスロット（主スロット）を設定できる。
❻副スロットの機能	メモリーカードスロットを両方使用して画像を記録する場合の、副スロットの機能を設定できる。
❼撮像範囲	撮像範囲を「FX（36×24）」「DX（24×16）」「1：1（24×24）」「16:9（36×20）」から選ぶ。
❽階調モード	静止画撮影時の階調モードを「SDR」または「HLG」から選ぶ。
❾画質モード	画像を記録するときの画質モードを「RAW＋FINE（★）」「RAW＋NORMAL（★）」「RAW＋BASIC（★）」「RAW」「FINE（★）」「NORMAL（★）」「BASIC（★）」から選ぶ。
❿画像サイズ設定	画像サイズを「L」「M」「S」から選ぶ。
⓫RAW記録	RAW画像を記録するときの圧縮方式を「ロスレス圧縮」「高効率★」「高効率」から選ぶ。
⓬ISO感度設定	静止画撮影時のISO感度について設定する。「感度自動制御」「制御上限感度」「🗲使用時の制御上限感度」「低速限界設定」も設定できる。
⓭ホワイトバランス	ホワイトバランスを設定する。
⓮ピクチャーコントロール	写真の仕上がりを設定する。

⑮カスタムピクチャーコントロール		「ピクチャーコントロール」を好みに合わせて調整して登録する。
⑯ピクチャーコントロール（HLG）		階調モードを「HLG」に設定して撮影する場合の、画像の仕上がり（ピクチャーコントロール）を設定できる。
⑰色空間		記録する色空間を「sRGB」「Adobe RGB」から選ぶ。
⑱アクティブD-ライティング		白とびや黒つぶれを軽減し、見た目に近いコントラストの画像を撮影する。「オート」「より強め（1、2）」「強め」「標準」「弱め」「しない」から選ぶ。
⑲長秒時ノイズ低減		シャッタースピードが1秒より遅いときに発生する長秒時ノイズを低減する。「ON」「OFF」から選ぶ。
⑳高感度ノイズ低減		ISO感度を高くしたときに発生するノイズを低減する。「強め」「標準」「弱め」「しない」から選ぶ。
㉑ヴィネットコントロール		レンズの特性による周辺光量の低下を軽減する。とくに開放絞りで撮影した場合に効果的。「強め」「標準」「弱め」「しない」から選ぶ。

㉒回折補正	絞りを絞り込んだときに画像の解像度が低下する回折現象を補正する。
㉓自動ゆがみ補正	広角レンズ使用時のたる型のゆがみや、望遠レンズ使用時の糸巻き型のゆがみを補正する。装着するレンズによっては「ON」に固定され、メニューはグレーで表示される。
㉔美肌効果	カメラが人物の顔を検出した場合、肌が滑らかになるように自動で補正する。「強め」「標準」「弱め」「しない」から選ぶ。
㉕人物印象調整	人物の色相と明るさを2軸で調整して「モード1」、「モード2」、「モード3」として個別に登録し、撮影時に選んで適用できる。
㉖静止画フリッカー低減	蛍光灯や水銀灯などの光源下で生じる、明るさのちらつき（フリッカー現象）の影響を低減する。
㉗高周波フリッカー低減	「する（高分解能シャッター設定）」に設定すると、撮影モードをSまたはMで、シャッタースピードを1/8000～1/30に設定している場合に、シャッタースピードを通常より細かいステップ幅で調整でき、フリッカー現象の影響が少ないシャッタースピードを撮影画面で確認しながら設定できる。

㉘測光モード	カメラが被写体の明るさを測る測光モードを設定する。
㉙フラッシュ発光	別売りのスピードライトを取り付けた場合の発光モードおよびワイヤレス増灯撮影時の設定を行う。
㉚フラッシュモード	フラッシュモードを設定する。「通常発光」「赤目軽減発光」「通常発光＋スローシャッター」「赤目軽減＋スローシャッター」「後幕発光」「発光禁止」から選ぶ。
㉛フラッシュ調光補正	別売りのスピードライトを取り付けた場合の発光量を調整する。
㉜フォーカスモード	ピントの合わせ方を設定する。
㉝AFエリアモード	AF設定時にフォーカスポイントをどのように選択するか設定する。
㉞AF時の被写体検出設定	AF使用時に優先して検出する被写体を選ぶ。
㉟手ブレ補正	手ブレ補正を行うかどうかを設定する。装着しているレンズによって、設定できる項目は異なる。「ノーマル」「スポーツ」「しない」から選ぶ。

 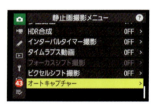

㊱オートブラケティング	明るさ、フラッシュの発光量、ホワイトバランス、アクティブD-ライティングの設定を、カメラが自動的に変えながら撮影できる。
㊲多重露出	2～10コマのRAWデータを重ねて写し込み、1つの画像として記録する。「多重露出モード」「コマ数」「合成モード」「合成前の画像を保存（RAW）」「確認撮影」「1コマ目の画像（RAW）の指定」を設定する。
㊳HDR合成	1回の撮影で露出が異なる画像を2枚撮影し、合成する。輝度範囲の広いシーンでも白とびや黒つぶれの少ない画像を記録する。
㊴インターバルタイマー撮影	設定した撮影間隔と撮影回数で自動的に撮影するインターバルタイマー撮影を行う。「開始日時の設定」「撮影間隔」「撮影回数×1回のコマ数」「露出平滑化」「撮影間隔優先」「撮影間隔毎のAF駆動」「オプション」「撮影開始時の記録フォルダー」を設定し、「撮影開始」で撮影する。
㊵タイムラプス動画	設定した撮影間隔で自動的に撮影を行い、撮影した静止画をつないで動画として記録する。「撮影間隔」「撮影時間」「露出平滑化」「撮像範囲設定」「動画記録ファイル形式」「画像サイズ/フレームレート」「撮影間隔優先」「撮影間隔毎のAF駆動」「動画記録先」を設定し、「撮影開始」で撮影する。
㊶フォーカスシフト撮影	ピント位置を変えながら自動的に連続撮影を行う。ピント面の異なる複数の画像を合成して被写界深度の深い画像を作成する、深度合成の素材を撮影できる。
㊷ピクセルシフト撮影	撮像素子の位置を変えながら自動的に複数のRAW画像を撮影する。撮影したRAW画像をニコンのソフトウェアNX Studioを使用して合成すると、通常よりも高画質な画像を生成できる。

㊸オートキャプチャー	被写体の動く方向、被写体を検出するかどうか、被写体を認識する遠近の範囲を設定すると、設定した条件でカメラが被写体を認識すると自動で連続撮影する。設定は「ユーザープリセット 1」～「ユーザープリセット 5」まで登録できる。

2 動画撮影メニュー

❶撮影メニューの管理	撮影メニューの設定内容を撮影メニュー「A」「B」「C」「D」の 4 通りに記憶し、切り換えることができる。
❷撮影メニューの拡張	「ON」に設定すると、「A」～「D」の撮影メニューごとに、露出の設定を記憶する。
❸記録フォルダー設定	撮影した動画を保存するフォルダーについての設定を行う。
❹ファイル名設定	記録する動画のファイル名を、初期設定の DSC から任意の 3 文字に変更できる。設定したファイル名の後ろに番号が付記される。
❺動画記録先	メモリーカードを 2 枚使用している場合に動画を記録するスロットを設定する。
❻動画記録ファイル形式	動画のファイル形式を「NEV」「MOV」「MP4」から選ぶ。
❼画像サイズ/フレームレート	動画の画像サイズ（ピクセル）とフレームレートを設定する。
❽動画の画質(N-RAW)	「動画記録ファイル形式」で、「N-RAW 12-bit（NEV）」を選んだ場合の動画の画質を「高画質」「標準」から選ぶ。
❾撮像範囲	動画撮影時の撮像範囲を「FX」「DX」「2.3 倍」から選ぶ。
❿オーバーサンプリングの拡張	「ON」に設定すると、画像の読み出し形式を変更して高い画質で撮影を行う。ただし、「画像サイズ/フレームレート」を「3840×2160 60p」や「3840×2160 50p」に設定し、「撮像範囲設定」を「FX」に設定している場合にのみ有効。
⓫ISO 感度設定	動画モード時の ISO を設定する。「制御上限感度」「M モード時の感度自動制御」「M モード時の ISO 感度」を設定する。
⓬ホワイトバランス	動画モード時のホワイトバランスを設定する。「静止画の設定と同じ」を選択すると、静止画モード時と同じ設定になる。
⓭ピクチャーコントロール	動画モード時のピクチャーコントロールを設定する。「静止画の設定と同じ」を選択すると、静止画モード時と同じ設定になる。
⓮カスタムピクチャーコントロール	「ピクチャーコントロール」を好みに合わせて調整して登録する。

⑮ HLG 画質調整	「動画記録ファイル形式」で「H.265 10-bit（MOV）」を選び、階調モードとして「HLG」を設定した場合の画像の仕上がりを調整できる。
⑯ アクティブD-ライティング	白とびや黒つぶれを軽減し、見た目に近いコントラストの動画を撮影する。
⑰ 高感度ノイズ低減	動画撮影モードで、ISO感度を高くしたときに発生するノイズを低減する。「強め」「標準」「弱め」「しない」から選ぶ。
⑱ ヴィネットコントロール	動画撮影時に、レンズの特性による周辺光量の低下を軽減する。とくに開放絞り側で撮影した場合に効果的。「強め」「標準」「弱め」「しない」から選ぶ。
⑲ 回折補正	レンズの絞りを絞り込んだときに解像度が低下する回折現象を補正する。
⑳ 自動ゆがみ補正	広角レンズ使用時のたる型のゆがみや、望遠レンズ使用時の糸巻き型のゆがみを補正する。装着するレンズによっては「する」に固定され、メニューはグレーで表示される。
㉑ 美肌効果	動画モード時の美肌効果を設定できる。「静止画の設定と同じ」を選ぶと、静止画モード時と同じ設定になる。

㉒ 人物印象調整	動画モード時の人物の色相と明るさを2軸で調整して「モード1」、「モード2」、「モード3」として個別に登録し、撮影時に選んで適用できる。
㉓ 動画フリッカー低減	蛍光灯や水銀灯などの光源下で生じる、明るさのちらつき（フリッカー現象）の影響を低減する。「オート」「50Hz」「60Hz」から選ぶ。
㉔ 高周波フリッカー低減	「する(高分解能シャッター設定)」に設定すると、Mモード撮影でシャッタースピードを1/8000～1/30に設定している場合に、シャッタースピードを通常より細かいステップ幅で調整し、フリッカー現象の影響の少ないシャッタースピードを撮影画面で確認することができる。
㉕ 測光モード	動画撮影モード時に、カメラが被写体の明るさを測る測光モードを設定する。
㉖ フォーカスモード	動画撮影モード時のピントの合わせ方を設定する。

㉗ AFエリアモード	動画モードで AF 使用時にフォーカスポイントをどのように選択するか設定する。
㉘ AF 時の 被写体検出設定	AF 使用時に優先的に検出する被写体を決定する。「被写体検出」と「被写体未検出時の AF 駆動」の 2 つの項目がある。

㉙ 手ブレ補正	手ブレ補正をするかどうか設定する。装着しているレンズによって、設定できる項目は異なる。「ノーマル」「スポーツ」「しない」から選択する。
㉚ 電子手ブレ補正	動画撮影モード時に電子手ブレ補正を行うかどうか設定する。
㉛ マイク感度	内蔵マイクまたは外部マイクの感度を設定する。「オート」「マニュアル」「録音しない」から選択する。
㉜ アッテネーター	大音量の環境下で動画撮影を行うときに、マイク感度を減退させて音割れを抑える。
㉝ 録音帯域	内蔵マイクまたは外部マイクの周波数特性を設定する。「広帯域」「音声帯域」から選択する。
㉞ 風切り音低減	内蔵マイクに吹き付ける風の音を抑えるローカットフィルター機能を有効にするかどうかを、「ON」「OFF」から選ぶ。
㉟ マイク端子の プラグインパワー	カメラから外部マイクに電源を供給するかどうかを「ON」「OFF」で設定する。

㊱ ヘッドホン音量	ヘッドホン音量を、▲▼を押して調整できる。
㊲ タイムコード	フレームごとに「時・分・秒・フレーム」の情報を記録する。「タイムコード記録」「カウントアップ方式」「タイムコードの起点」「ドロップフレーム」を設定する。ただし、「動画記録ファイル形式」を「H.264 8-bit (MP4)」に設定して撮影した動画には記録できない。
㊳ 外部記録制御 （HDMI）	「ON」に設定すると、カメラ側の操作に連動して HDMI に対応した外部レコーダーの録画の開始および終了ができる。

175

㊴ハイレゾズーム	「ON」に設定すると、ズームレンズを使用しなくても画質の劣化なくズーミングすることができる。
㊵オートキャプチャー	被写体の動く方向、被写体を検出するかどうか、被写体を認識する遠近の範囲を設定すると、その設定した条件でカメラが被写体を認識すると自動で動画記録する。

3 カスタムメニュー

❶カスタムメニューの管理	カスタムメニューの設定内容を、「A」「B」「C」「D」の4通り記憶でき、「カスタムメニューの管理」で切り換えることができる。「名前編集」「カスタムメニューのコピー」「カスタムメニューのリセット」の項目がある。

❷ a フォーカス (→ P.176)	❻ e フラッシュ・BKT撮影 (→ P.181)
❸ b 露出・測光 (→ P.178)	❼ f 操作 (→ P.182)
❹ c AEロック・タイマー (→ P.179)	❽ g 動画 (→ P.183)
❺ d 撮影・記録・表示 (→ P.179)	

■ a フォーカス

❶ a1 AF-Cモード時の優先	フォーカスモードが「AF-C」のときにシャッターボタンを全押しした際の動作を設定する。「フォーカス」を選ぶと、ピントが合うまでシャッターを切ることができない。
❷ a2 AF-Sモード時の優先	フォーカスモードが「AF-S」のときに、シャッターボタンを全押しした際の動作を設定する。「レリーズ」を選ぶと、ピントが合っていなくてもシャッターを切ることができる。

❸ a3 AFロックオン	フォーカスモードが「AF-C」のときに、カメラと被写体の間を別の被写体が横切った際のピント動作を設定する。「敏感」にするほど横切った被写体にピントが合いやすくなる。
❹ a4 AF点数	AFエリアモードが「オートエリアAF」以外の場合、手動で選べるフォーカスポイントの数を設定する。「スキップ」を選ぶと「全点」に対してフォーカスポイントが1/4になる。
❺ a5 縦/横位置 フォーカスポイント切換	カメラを横位置と時計回りの縦位置と反時計回りの縦位置で構えたときに、フォーカスポイントを個別に設定できる。
❻ a6 半押しAFレンズ駆動	シャッターボタンを半押ししたときの、ピント合わせの動作を「する」「しない」から選ぶ。「しない」を選択して▶を押すと、「非合焦時のレリーズ」を設定することができる。
❼ a7 フォーカスポイントの 引き継ぎ	カスタムメニューの「f2 カスタムボタンの機能（撮影）」によって任意のボタンに「AFエリアモード」「AFエリアモード+AF-ON」「撮影機能の呼び出し」「撮影機能の呼び出し（ホールド）」のいずれかを割り当てた場合、ボタンを押してAFエリアモードを変更した際、フォーカスポイントの位置を変更後のAFエリアモードでも引き継ぐかを設定できる。

❽ a8 AFエリアモードの限定	フォーカスモードボタンを押しながらサブコマンドダイヤルを回した場合に選べるAFエリアモードを設定する。
❾ a9 フォーカスモードの制限	フォーカスモードを固定する。「制限しない」以外を選ぶと、フォーカスモードボタンを押しながらメインコマンドダイヤルを回しても、フォーカスモードは変わらない。
❿ a10 フォーカスポイント循環選択	フォーカスポイントをサブセレクターやマルチセレクターで選ぶときに、上下左右端で循環するように設定する。
⓫ a11 フォーカスポイント表示	フォーカスポイントの表示に関する設定を行う。「マニュアルフォーカス時の表示」「ダイナミックAF時のアシスト表示」「AF-Cモード時の合焦表示」「3D-トラッキング時の表示色」「フォーカスポイントの太さ」が設定できる。
⓬ a12 内蔵AF補助光の 照射設定	被写体が暗い場合、ピント合わせのためにAF補助光を自動的に照射するかどうかを「ON」「OFF」から選ぶ。「OFF」に設定すると暗い場所ではピント合わせができない可能性がある。
⓭ a13 フォーカスピーキング	マニュアルフォーカスで撮影するときに、ピントが合っている部分の輪郭を色付きで表示するかどうかを設定できる。色の変更も可能。
⓮ a14 フォーカスポイント の移動速度	マルチセレクターやサブセレクターを使用してフォーカスポイントを選ぶ場合の移動速度を「遅い」、「標準」、「速い」から選ぶ。
⓯ a15 AF設定時の フォーカスリング操作	AF時におけるフォーカスリングの操作を有効にするかどうかを「ON」と「OFF」から選ぶ。このメニューに対応したレンズのみ有効な設定。

■b 露出・測光

❶ b1 ISO感度設定 ステップ幅	ISO感度のステップ幅を1/3段または1段に設定できる。ISO感度のステップ幅を変更したとき、設定されているISO感度が変更後のステップ幅に存在しない場合は、最も近い値に変更される。
❷ b2 露出設定ステップ幅	シャッタースピード、絞り値、オートブラケティング補正値、露出補正値、およびフラッシュ調光補正量のステップ幅を設定できる。「設定1段（補正1/3段）」に設定した場合、シャッタースピード、絞り値、オートブラケティング補正値のステップ幅は1段、露出補正値とフラッシュ調光補正値のステップ幅は1/3段になる。
❸ b3 露出補正簡易設定	露出補正ボタンを使用せず、コマンドダイヤルだけで露出補正できるように設定を変更できる。「する（自動リセット）」「する」「しない」から選ぶ。
❹ b4 マルチパターン 測光の顔検出	測光モードが「マルチパターン測光」の場合、カメラが人物の顔を認識したときに顔の明るさに合わせて露出を決定するかどうかを選ぶ。
❺ b5 中央部重点測光範囲	測光モードを「中央部重点測光」にしたときの測光範囲を設定する。
❻ b6 基準露出レベルの調節	測光モードごとに適正露出の基準を明るめ（＋側）または暗め（－側）に調節できる。
❼ b7 絞り値変化時の 露出維持	Mモード撮影時に静止画撮影メニュー「ISO感度設定」-「感度自動制御」-「OFF」に設定しているときに、設定できる絞りの範囲が異なるレンズに交換した場合などに露出が変化してしまうことがある。このとき、「絞り値変化時の露出維持」を「しない」以外に設定すると、シャッタースピードまたはISO感度の設定を自動で変更して露出を維持できる。

■ c AEロック・タイマー

❶ c1 シャッターボタン AEロック	シャッターボタンを押してAEロックを行うかどうかを設定する。「する（半押し）」「する（連続撮影時）」「しない」から選ぶ。
❷ c2 セルフタイマー	セルフタイマー撮影時に、シャッターボタンを全押ししてからシャッターが切れるまでの時間と、撮影するコマ数、連続撮影するときの撮影間隔を設定する。
❸ c3 パワーオフ時間	カメラの各表示が自動的に消灯するまでの時間や撮影後の画像表示画面から撮影画面に切り換わるまでの時間を設定する。「画像の再生」「メニュー表示」「撮影直後の画像確認」「半押しタイマー」をそれぞれ設定する。

■ d 撮影・記録・表示

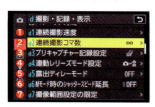

❶ d1 連続撮影速度	高速連続撮影および低速連続撮影時の連続撮影速度を設定できる。
❷ d2 連続撮影コマ数	連続撮影を最大何コマまで継続するか設定する。「1」～「200」の範囲および無制限で設定できる。
❸ d3 プリキャプチャー 記録設定	ハイスピードフレームキャプチャー＋撮影時の、シャッターボタンを全押し後にさかのぼって記録する時間や全押し後に撮影する時間を設定できる。
❹ d4 連動レリーズモード設定	ネットワークメニュー「カメラと接続」で連動レリーズ機能を使用する場合や、別売のワイヤレスリモートコントローラーを接続した場合に、マスターカメラのレリーズに連動してリモートカメラをレリーズさせるかどうかを設定できる。
❺ d5 露出ディレーモード	シャッターボタンを押してから約0.2～3秒後にシャッターが切れるように設定し、カメラブレを最小限に抑えることができる。
❻ d6 Mモード時の シャッタースピード 延長	撮影モードが「M」の際、シャッタースピードを最長900秒まで延長できるように設定する。
❼ d7 撮像範囲設定の限定	i メニューやカスタムボタンに撮像範囲を割り当ててコマンドダイヤルを回して撮像範囲を設定する場合に、選べる撮像範囲を限定する。

❽	d8 連番モード	ファイル名に使用するファイル番号の連番について設定する。「する」「しない」「リセット」から選ぶ。
❾	d9 ビューモード設定（静止画Lv）	撮影の設定（色味や明るさ）を、ファインダーや画像モニターの撮影画面（ライブビュー）に反映させるかどうかを設定できる。動画モードの場合、設定にかかわらず常に撮影の設定を反映する。
❿	d10 スターライトビュー（静止画Lv）	「ON」に設定すると、暗い場所で撮影する場合でも撮影画面が明るく見やすくなる（スターライトビュー）。スターライトビューにした場合、撮影画面がコマ落ちしたような表示になることがある。
⓫	d11 赤色画面表示	メニュー画面や撮影画面、再生画面を明るさを抑えた赤色で表示する。星景撮影など暗所撮影時に、暗さに慣れた目でもメニューや被写体が見やすくなる。
⓬	d12 イルミネーター点灯	表示パネルやボタンのイルミネーター（照明）点灯の設定を変更できる。
⓭	d13 連続撮影中の表示	「OFF」に設定すると、連続撮影中は撮影画面に何も表示されなくなる。
⓮	d14 撮影タイミング表示	シャッターが切れたときの撮影画面の表示方法を変更できる。
⓯	d15 画面枠表示	「OFF」に設定すると、ファインダーおよび画像モニターの撮影画面の周囲に表示されている白い枠が非表示になる。
⓰	d16 ガイドラインの種類	撮影時に表示する構図用ガイドラインの種類を選ぶ。選んだガイドラインは、カスタムメニュー「d19 撮影画面カスタマイズ（画像モニター）」および「d20 撮影画面カスタマイズ（ファインダー）」でガイドラインをONにした場合の画面に表示される。
⓱	d17 水準器の種類	撮影時に表示する水準器の種類を選ぶ。選んだ水準器は、カスタムメニュー「d19 撮影画面カスタマイズ（画像モニター）」および「d20 撮影画面カスタマイズ（ファインダー）」で水準器をONにした場合の画面に表示される。
⓲	d18 半押し拡大解除（MF）	「ON」に設定すると、フォーカスモードをマニュアルフォーカスに設定して拡大表示している場合に、シャッターボタンを半押しして拡大表示を解除できる。
⓳	d19 撮影画面カスタマイズ（画像モニター）	撮影時にDISPボタンを押して画像モニターに表示する画面を設定できる。
⓴	d20 撮影画面カスタマイズ（ファインダー）	撮影時にDISPボタンを押してファインダーに表示する画面を設定できる。
㉑	d21 ファインダーの高フレームレート表示	「ON」に設定すると撮影状況に応じてファインダーの表示を滑らかにし、高速な被写体を撮影するときに被写体の動きを確認しやすくなる。

■ e フラッシュ・BKT撮影

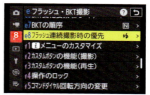

❶ e1 フラッシュ撮影同調速度	フラッシュ撮影時の同調する最高速度を設定する。「1/250 秒（オートFP）」～「1/60 秒」の範囲で選ぶ。
❷ e2 フラッシュ時 シャッタースピード 制限	フラッシュ撮影時、撮影モードがPまたはAの場合に、シャッタースピードの低速側の制限を設定する。
❸ e3 フラッシュ使用時 の露出補正	フラッシュ撮影時に露出補正を設定した場合のフラッシュの調光を設定する。「全体を補正」「背景のみ補正」から選ぶ。
❹ e4 ❹使用時の感度自動制御	フラッシュ撮影時に感度自動制御を行う場合の、露出を合わせる対象を設定する。「被写体と背景」「被写体のみ」から選ぶ。
❺ e5 モデリング発光	「ON」に設定すると、別売のニコンクリエイティブライティングシステム対応スピードライト使用時にカスタムメニュー「f2 カスタムボタンの機能（撮影）」で「プレビュー」を割り当てたボタンを押して、モデリング発光ができる。
❻ e6 BKT変化要素（Mモード）	撮影モードがMでオートブラケティングを行う際に変化する内容を設定する。変化する内容は「BKT 変化要素（Mモード）」と、静止画撮影メニューの「オートブラケティング」-「オートブラケティングのセット」との組み合わせによって決まる。
❼ e7 BKTの順序	オートブラケティングの補正順序を設定する。「[0] → [−] → [+]」「[−] → [0] → [+]」から選ぶ。
❽ e8 フラッシュ連続 撮影時の優先	別売スピードライトをカメラに装着し、高速連続撮影または低速連続撮影で連続撮影をする場合の動作を設定できる。

■ f 操作

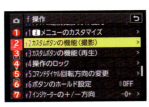 

❶	**f1** *i*メニューのカスタマイズ	静止画モードで*i*ボタンを押して表示される*i*メニューの項目を設定する。
❷	**f2 カスタムボタンの機能（撮影）**	静止画モード時のボタンやコマンドダイヤル、レンズのリングなどを操作したときの機能を設定する。
❸	**f3 カスタムボタンの機能（再生）**	画像再生時にカメラのボタンやコマンドダイヤルを操作したときの機能を設定する。
❹	**f4** 操作のロック	露出の設定またはフォーカスポイントをロックできる。
❺	**f5 コマンドダイヤル回転方向の変更**	露出補正の設定時またはシャッタースピード/絞り値の設定時に、メインコマンドダイヤルとサブコマンドダイヤルを操作するときの回転方向を逆方向に変更できる。
❻	**f6** ボタンのホールド設定	「ON」に設定すると、ボタンを押しながらコマンドダイヤルを操作する際に、一度ボタンを押せば指を離してもコマンドダイヤル単独で設定できる状態が維持される。もう一度ボタンを押すか、シャッターボタンを半押しするか、半押しタイマーがオフになると解除される。
❼	**f7 インジケーターの+/−方向**	撮影画面に表示されるインジケーターの+と−の方向を入れ換える。
❽	**f8 フォーカス回転方向の変更**	Z マウントレンズを装着している場合、［ON］に設定すると、マニュアルフォーカス時にフォーカスリングまたはコントロールリングでピントを合わせるときの回転方向を逆方向に変更できる。
❾	**f9 フォーカスリングの角度設定**	Z マウントレンズを装着してマニュアルフォーカスでピント合わせをする場合に、至近側から無限遠側までピント位置を移動するために必要な、フォーカスリングまたはコントロールリングを回す角度を設定できる。
❿	**f10 コントロールリングの感度**	カスタムメニュー［f2 カスタムボタンの機能（撮影）］または［g2 カスタムボタンの機能］でレンズのコントロールリングに「絞り」、「パワー絞り」、「露出補正」、「ISO 感度」、「ハイレゾズーム (g2 のみ)」を割り当てている場合の感度を設定できる。
⓫	**f11 フォーカス/コントロールリング入れ換え**	「ON」に設定すると、カスタムメニュー［f2 カスタムボタンの機能（撮影）］または［g2 カスタムボタンの機能］でレンズのコントロールリングに割り当てた機能をフォーカスリングで使用できる。
⓬	**f12 パワーズームのボタン操作（PZ レンズ）**	パワーズームレンズを装着して静止画を撮影する場合に、[⊕]ボタンおよび[⊖]ボタンを押して電動でズーミング（パワーズーム）するかどうかを設定できる。
⓭	**f13 1コマ再生時のフリック操作**	1 コマ表示時に画像モニター上でフリックした際の動作を割り当てられる。
⓮	**f14 サブセレクター中央を優先**	サブセレクター中央を押しながら上下左右に倒した場合の動作を設定する。

■ g 動画

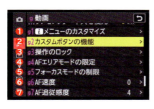

❶	g1 ｉメニューのカスタマイズ	動画モード時のｉメニューの項目を設定する。
❷	g2 カスタムボタンの機能	動画モード時のボタンやコマンドダイヤル、レンズのリングなどを操作したときの機能を設定する。
❸	g3 操作のロック	露出の設定またはフォーカスポイントをロックできる。
❹	g4 AF エリアモードの限定	フォーカスモードボタンを押しながらサブコマンドダイヤルを回した場合に選べる AF エリアモードを設定できる。
❺	g5 フォーカスモードの制限	フォーカスモードを固定できる。「制限しない」以外を選ぶと、フォーカスモードボタンを押しながらメインコマンドダイヤルを回してもフォーカスモードは変わらない。
❻	g6 AF 速度	動画モード時のピント合わせの速度を設定する。
❼	g7 AF 追従感度	動画モード時の被写体にピントを合わせる感度を設定する。
❽	g8 ハイレゾズーム速度	ハイレゾズームの速度を設定できる。カスタムメニュー [g2 カスタムボタンの機能] の「Fn1 ボタン」「Fn2 ボタン」「レンズの Fn リング（右回り）」「レンズの Fn リング（左回り）」のいずれかにハイレゾズームの機能を割り当てている場合のみ有効。
❾	g9 パワーズームのボタン操作（P Z レンズ）	パワーズームレンズを装着して動画を撮影する場合に、ボタンおよびボタンを押して電動でズーミング（パワーズーム）するかどうかを設定できる。
❿	g10 ISO 感度ステップ幅拡張（M モード）	「する（1/6 段）」に設定すると、撮影モード M での動画モード時に、ISO 感度のステップ幅を 1/6 段に変更できる。
⓫	g11 シャッタースピード延長（M モード）	「ON」に設定すると、撮影モード M 時のシャッタースピードをより低速に設定できる。
⓬	g12 ビューアシスト	「ON」に設定すると、動画の階調モードを「N-Log」にしている場合にカメラの撮影画面を簡易的に階調補正して表示する。
⓭	g13 ゼブラ表示	動画モード時に、指定した明るさの部分を斜線で表示できる。
⓮	g14 ゼブラ表示の検出モード制限	カスタムボタンに「ゼブラ表示の検出モード」を割り当てた場合に、ボタンを押したときに斜線表示する輝度の範囲を設定できる。

⑮ g15 ガイドラインの種類	動画モード時に表示する構図用ガイドラインの種類を選ぶ。選んだガイドラインは、カスタムメニュー [g18 撮影画面カスタマイズ（画像モニター）] および [g19 撮影画面カスタマイズ（ファインダー）] でガイドラインを ON にした場合に画面に表示される。
⑯ g16 輝度情報の種類	動画モード時に表示する輝度情報の種類を選ぶ。
⑰ g17 半押し拡大解除（MF）	「ON」に設定すると、フォーカスモードをマニュアルフォーカスに設定して拡大表示している場合に、シャッターボタンを半押しして拡大表示を解除できる。
⑱ g18 撮影画面カスタマイズ（画像モニター）	動画モード時に DISP ボタンを押して画像モニターに表示する画面を設定できる。
⑲ g19 撮影画面カスタマイズ（ファインダー）	動画モード時に DISP ボタンを押してファインダーに表示する画面を設定できる。
⑳ g20 動画撮影中の赤枠表示	「ON」に設定すると、動画記録時に撮影画面の周囲に赤枠が表示される。動画記録中であることが判別しやすく、記録ミスを防げる。

4 再生メニュー

❶削除	画像を削除する。「画像を選択して削除」「削除候補画像を一括削除」「日付を選択して削除」「全画像を削除」から選ぶ。
❷再生フォルダー設定	再生時に表示される画像フォルダーを選ぶ。
❸再生画面設定	再生時に1コマ表示の場合、画面に表示する項目を設定できる。
❹ W スロット同時削除の設定	静止画撮影メニュー「副スロットの機能」を「順次記録」以外に設定し、同時記録または分割記録した画像の一方を削除する場合に、もう一方も同時に削除するかどうかを設定する。

184

❺分割記録時の再生スロット	静止画撮影メニューの [副スロットの機能] を「RAW+JPEG 分割記録」、「JPEG+JPEG 分割記録」、「RAW+HEIF 分割記録」、「HEIF+HEIF 分割記録」のいずれかに設定して分割記録したときに再生するスロットを選択する。
❻フィルター再生の条件設定	フィルター再生（指定した条件に当てはまる画像のみを再生する方法）する場合に、どの条件の画像を再生するかを設定できる。
❼グループ再生の設定	1回の連続撮影で記録した画像（連続撮影グループ）の再生方法を設定できる。
❽撮影直後の画像確認	撮影直後に画像を自動的に表示するかを設定する。「する」「する（画像モニター表示のみ）」「しない」から選ぶ。
❾削除後の次再生画像	画像を削除したあとに表示する画像を設定できる。
❿連続撮影後の再生画像	最後に撮影した画像が連続撮影の場合、画像を再生したときに連続撮影した最初のコマまたは最後のコマのどちらを表示するかを設定できる。
⓫縦横位置情報の記録	「ON」に設定すると、撮影時のカメラの縦横位置情報が画像に記録される。カメラやパソコンで再生する際、記録した縦横位置情報を利用して画像が自動的に回転表示される。
⓬画像の自動回転	「ON」に設定すると、カメラを縦位置に構えた状態で画像を再生する場合、ファインダーおよび画像モニターに表示される画像が縦位置で再生される。再生画面を縦位置表示しているときは、マルチセレクターの▲▼◀▶の動作も入れ換わる。
⓭画像コピー	メモリーカードを2枚使用しているときに、メモリーカード内の画像をもう一方のメモリーカードにコピーできる。

5 セットアップメニュー

❶カードの初期化（フォーマット）	メモリーカードを初期化（フォーマット）する。
❷言語（Language）	メニュー画面やメッセージの表示言語を設定する。
❸タイムゾーンと日時	現在地と日時、年月日の表示順を設定する。
❹モニターの明るさ	画像モニターの明るさを調整する。＋にすると明るく、－にすると暗くなる。
❺モニターのカラーカスタマイズ	画像モニターの色調を調整する。
❻ファインダーの明るさ	ファインダーの明るさを調整する。「オート」にすると周囲の明るさによって自動で調整する。

❼ファインダーの カラーカスタマイズ	ファインダーの色調を調整する。

❽ファインダー表示サイズ	ファインダーを見ながら撮影する場合に、ファインダーの表示倍率を「標準」または「小さめ」から選ぶ。「小さめ」に設定すると、全体が確認しやすくなる。
❾モニターモードの限定	|□|ボタンを押して切り換えられるモニターモードを設定する。
❿画面情報の自動回転	「ON」に設定すると、カメラを縦位置に構えて撮影する場合に、撮影画面および再生画面に表示されるアイコンも縦位置表示用の配置になる。
⓫AF微調節の設定	装着したレンズのピント位置を微調整する。
⓬レンズ情報手動設定	別売りのマウントアダプターを使用して装着する非 CPU レンズの情報を登録する。焦点距離と開放絞り値を登録することで、手ブレ補正機能（ボディー内手ブレ補正）などカメラの一部の機能が使えるようになる。
⓭距離表示単位の設定	マニュアルフォーカスで撮影する場合にカメラからピントが合う位置までの距離が表示される。この単位をメートルかフィートから選ぶ。
⓮フォーカス位置の記憶	カメラの電源を OFF にして再度 ON にした場合に、フォーカス位置を電源 OFF の前と同じ位置に保持するかどうかを設定する。
⓯ズーム位置の記憶 （PZ レンズ）	「ON」に設定すると、パワーズームレンズを装着してカメラの電源をOFF にして再度 ON にした場合も、ズーム位置を電源 OFF の前と同じ位置に保持できる。
⓰自動電源 OFF 温度	カメラ内部の温度上昇時に、カメラの電源が自動的にオフになるまでの温度を「標準」または「高」で設定できる。
⓱電源 OFF 時の センサーシールド	「閉じる」に設定すると、カメラの電源 OFF 時に撮像素子の前にあるセンサーシールドが閉じ、レンズ交換時にゴミやほこりが付着するのを防ぎやすくなる。
⓲イメージセンサー クリーニング	レンズを取り付けるときなどに、イメージセンサー前面にゴミやほこりが付くと、画像に影が写り込むことがある。イメージセンサークリーニングを作動させると、イメージセンサー前面のゴミをふるい落とすことができる。
⓳イメージダストオフ データ取得	カメラのイメージセンサーの前面に付いたゴミの写り込みを RAW 画像から取り除く、NX Studio の「イメージダストオフ機能」を使うためのデータを取得する。
⓴ピクセルマッピング	イメージセンサーのチェックと最適化を行う。
㉑画像コメント	あらかじめコメントを登録しておき、撮影画像に添付できる。添付されたコメントは NX Studio の「情報」タブで確認できる。

㉒著作権情報	撮影した画像に著作権情報を添付する。添付された著作権情報は NX Studio の「情報」タブで確認できる。
㉓ IPTC	IPTC 情報をカメラで新規作成または編集して、撮影した静止画に添付することができる。
㉔音声メモの設定	音声メモに関する設定を行う。
㉕電子音	電子音の有無や音の高さ、音の種類、音量を設定する。
㉖サイレントモード	「ON」に設定すると、セットアップメニュー「電子音」の設定にかかわらずすべての電子音と電子シャッター音を出さずに撮影できる。
㉗タッチ操作	画像モニターのタッチ操作の機能を設定する。「タッチ操作の設定」「グローブモード」を設定する。
㉘ HDMI	HDMI 対応機器との接続時の設定をする。「出力解像度」「出力レンジ」を設定できる。また「出力映像への情報表示」「出力中のカメラ側表示」の選択もできる。

㉙ USB 接続時の優先	カメラをパソコンと USB 接続している場合の優先項目を設定できる。
㉚リモコン（WR）設定	別売のワイヤレスリモートコントローラー WR-R11a または WR-R10 を装着している場合に、LED ランプの点灯とリンクモードを設定できる。また、電波制御アドバンストワイヤレスライティングに対応した別売スピードライトとワイヤレス接続する場合にも使用できる。
㉛リモコン（WR）の Fn ボタンの機能	Fn ボタンのある別売のワイヤレスリモートコントローラーで、Fn ボタンを押したときの機能を設定できる。
㉜認証情報	カメラが取得している認証に関する情報の一部を表示する。
㉝電池チェック	カメラに装着中のバッテリーの情報を表示する。
㉞ USB 給電	USB 充給電専用端子に接続した機器から、カメラに電力の供給（給電）を行うかどうかを設定できる。

| ㉟パワーセーブ(静止画モード) | 静止画モードのときに、半押しタイマーがオフになる約15秒前から撮影画面を暗くしてバッテリーの消耗を抑える。 |

㊱カードなし時レリーズ	カメラにメモリーカードを入れていないときのレリーズ操作を設定する。「LOCK」(レリーズ禁止)「OK」(レリーズ許可)から選ぶ。
㊲メニュー設定の保存と読み込み	メニューの各機能の設定データをメモリーカードに保存したり、メモリーカードに保存されている設定データを読み込んだりする。
㊳カメラの初期化	セットアップメニュー「言語(Language)」「タイムゾーンと日時」を除く、すべての設定をリセットして初期設定に戻す。
㊴ファームウェアバージョン	カメラを制御する「ファームウェア」のバージョンを表示する。

6 ネットワークメニュー

❶機内モード	「ON」に設定すると、Bluetooth及びWi-Fiを使った通信がOFFになる。
❷スマートフォンと接続	カメラとスマートフォンの接続や、接続後の設定を行う。「ペアリング(Bluetooth)」「送信設定」「Wi-Fi接続」「電源OFF中の通信」「位置情報(スマートフォン)」を設定する。
❸PCと接続	カメラとパソコンを有線LANまたは無線LANで接続する場合に使用する。
❹FTPサーバーと接続	カメラとFTPサーバーを接続する場合に使用する。
❺カメラと接続	カメラ同士を接続して連動レリーズする場合や日時を同期する場合に使用する。
❻ATOMOS AirGlu BT設定	Atomos社のAirGluアクセサリー UltraSync BLUEにBluetoothでカメラを接続できる。

❼ USB 通信専用端子の設定	カメラの USB 通信専用端子を使用してほかの機器と通信する場合の設定を選ぶ。
❽ 接続先の周波数帯選択	インフラストラクチャーモードでネットワークに無線接続する場合に、接続する SSID の周波数帯を選ぶ。
❾ MAC アドレス	MAC アドレスが表示される。

7 マイメニュー

❶ マイメニュー登録	静止画撮影、動画撮影、カスタム、再生、セットアップ、ネットワークの各メニューからよく使う項目だけを選んで、20 項目までマイメニューに登録できる。
❷ 登録項目の削除	マイメニューに登録した項目を削除する。
❸ 登録項目の順序変更	マイメニューに登録した項目の順番を変更する。
❹ このタブの機能変更	「マイメニュー」を「最近設定した項目」に変更する。「最近設定した項目」に変更すると、直近に設定したメニュー項目から順番に最新の 20 項目が表示される。

索引

アルファベット

AF（オートフォーカス） …… 38,40,48
AF-C ……………………………… 38,47
AF-F ……………………………………… 38
AF-S ……………………………… 38,46
AFエリアモード …………………… 42,46
AF時の被写体検出 …… 42,47,49,108
Bluetooth ……………………… 128,188
Bulb ……………………………………… 63
Creative Picture Controle
………………………………… 74,78,133
DISPボタン ………………… 15,21,27
Fマウントレンズ …………………… 96
HEIF …………………………………… 120
ISO感度 ………………………… 52,66
iメニュー ……………………… 18,165
MF（マニュアルフォーカス） … 40,50
Nikon Transfer 2 ……………… 140
NX Studio ……………………… 142
SnapBridge ……………………… 128
Time …………………………………… 63
Zマウントレンズ …………………… 84

あ行

アクティブD-ライティング ………… 70
イメージセンサー（撮像素子）…… 52
インターバルタイマー撮影 ……… 122
インフォ画面 ………………………… 27
ヴィネットコントロール …………… 123
オートエリアAF ………………… 44,47
オートフォーカス ……………… 38,40
親指AF ……………………………… 146
音声メモ …………………………… 147

か行

ガイドライン …………………… 22,101
画角 ……………………………………… 84
拡大機能 ……………………………… 51
画質モード …………………………… 35
カスタマイズ …… 148,149,154,165
画像サイズ …………………………… 35
画像モニター ………………………… 26
感度自動制御（ISO-AUTO）… 62,67
広角ズームレンズ …………………… 88
構図 …………………………………… 100
高速シャッター ………………… 59,111
高速連続撮影 ………… 114,116,162

さ行

再生 …………………………………… 28
サイレントモード ………………… 160
削除 …………………………………… 30
撮影機能の呼び出し（ホールド）… 157
絞り ……………………………… 53,60
絞り優先オート ……………………… 60
シャッタースピード …………… 53,58
シャッター優先オート ……………… 58
焦点距離 ……………………………… 84
人物印象調整 …………… 113,167
水準器 …………………………… 21,101
ズームレンズ ………………………… 84
スターライトビュー ……………… 158
スポット測光 ………………………… 65
スローモーション動画 …………… 126
制御上限感度 ………………………… 67
静止画/動画セレクター …………… 15
赤色画面表示 ……………………… 159
セルフタイマー …………………… 133
測光モード …………………………… 64

た行

タイム撮影	63
タイムラプス動画	122
タッチシャッター	45
ダブルスロット	36
単焦点レンズ	92
中央部重点測光	65
低速シャッター	59,111
低速連続撮影	162
適正露出	55,56
電子音	161
動画	124

な行

ノイズ	67

は行

ハイキー	57
ハイスピードフレームキャプチャー＋	33,34,114
ハイライト重点測光	65
バルブ撮影	63
半押し	38,40
パンフォーカス	61
ピクセルシフト	104,163
ピクチャーコントロール	74
被写界深度	55,60
被写体検出	47,48,102,108
ビューモード	150
標準ズームレンズ	86
標準露出	55
ピント	38,40,42,48,50
ピンポイントAF	39,106
ファインダー	20
フォーカスピーキング	51,106

フォーカスモード	38,40,46
フォーカスロック	100
プリキャプチャー	114,166
フレームレート	125
プロテクト	30
分割記録	36
ペアリング	128
望遠ズームレンズ	90
ボケ	60
ホワイトバランス	72

ま行

マイメニュー	152,156
マウントアダプター	96
マクロレンズ	92
マニュアル（M）（撮影モード）	62
マルチパターン測光	65,70
メインコマンドダイヤル	15
メニュー画面	16
モニターモード	25

ら行

リッチトーンポートレート	75,113
リモート撮影	132
レーディング	32
ローキー	57
露出	52,56,64
露出ディレーモード	164
露出補正	56

わ行

ワイドエリアAF（L）	43,47
ワイドエリアAF（S）	43,47

お問い合わせについて

本書に関するご質問については、本書に記載されている内容に関するもののみとさせていただきます。本書の内容と関係のないご質問につきましては、一切お答えできませんので、あらかじめご了承ください。また、電話でのご質問は受け付けておりませんので、必ずFAXか書面にて下記までお送りください。
なお、ご質問の際には、必ず以下の項目を明記していただきますようお願いいたします。

1 お名前
2 返信先の住所またはFAX番号
3 書名
   (今すぐ使えるかんたんmini
   Nikonニコン Z8
   基本＆応用 撮影ガイド)
4 本書の該当ページ
5 ご質問内容

なお、お送りいただいたご質問には、できる限り迅速にお答えできるよう努力いたしておりますが、場合によってはお答えするまでに時間がかかることがあります。また、回答の期日をご指定なさっても、ご希望にお応えできるとは限りません。あらかじめご了承くださいますよう、お願いいたします。
ご質問の際に記載いただいた個人情報は、ご質問の返答以外の目的には使用いたしません。また、返答後はすみやかに破棄させていただきます。

問い合わせ先

〒162-0846
東京都新宿区市谷左内町 21-13
株式会社技術評論社　書籍編集部
「今すぐ使えるかんたんmini
Nikonニコン Z8
基本＆応用撮影ガイド」
質問係
FAX番号　03-3513-6167

URL：https://book.gihyo.jp/116

■ お問い合わせの例

FAX

1 お名前
技評　太郎
2 返信先の住所またはFAX番号
03 - ×××× - ××××
3 書名
今すぐ使えるかんたんmini
Nikon ニコン Z8
基本＆応用撮影ガイド
4 本書の該当ページ
○○ページ
5 ご質問内容
モニターの調整について

今すぐ使えるかんたん mini
Nikonニコン Z8
基本 ＆ 応用撮影ガイド

2025年5月13日　初版　第1刷発行

著者●清水 徹 ＋ conté
発行者●片岡 巖
発行所●株式会社 技術評論社
　　　東京都新宿区市谷左内町 21-13
　　　電話　03-3513-6150　販売促進部
　　　　　　03-3513-6160　書籍編集部
編集・制作● conté　高作真紀
担当●土井清志（技術評論社）
原稿執筆協力●鈴木英里子
装丁●田邉恵里香
本文デザイン・DTP ●小澤都子（レンデデザイン）
イラスト●真崎なこ
ポートレートモデル●百堰まい
テニスモデル●秋山みなみ（プロテニスプレイヤー）
ダンスモデル●上田桃子（Dance Crew ADDICTIONS）
ペットモデル●めりてかちゃんねる　めり・てかる
製本・印刷● TOPPANクロレ株式会社

定価はカバーに表示してあります。

落丁・乱丁がございましたら、弊社販売促進部までお送りください。交換いたします。
本書の一部または全部を著作権法の定める範囲を超え、無断で複写、複製、転載、テープ化、ファイルに落とすことを禁じます。

©2025　conté, co
ISBN978-4-297-14828-7　C3055
Printed in Japan